Teichpflanzen

richtig auswählen

einsetzen und pflegen

Philip Swindells

Teichpflanzen

*richtig auswählen
einsetzen und pflegen*

Philip Swindells

Der Autor

Philip Swindells ist ein Experte für Wassergärtnerei und kann auf langjährige Erfahrungen mit der Kultivierung von Wasserpflanzen in vielen Teilen der Welt zurückblicken. Seine Ausbildung erhielt er im Botanischen Garten der Universität von Cambridge und der berühmten Wassergärtnerei Perrys in Enfield, bevor er schließlich zum Kurator des Harlow Carr Botanischen Gartens in Harrogate ernannt wurde. Er ist der Verfasser zahlreicher Veröffentlichungen zum Thema Wassergärtnerei. Philip war darüber hinaus eine Zeit lang der Redakteur des „Water Garden Journal" der International Waterlily Society, die ihm 1994 einen festen Platz in ihrer Ruhmeshalle einräumte. 1990 erhielt er ein Stipendium der International Plant Propagator's Society für seine Pionierarbeit zur Vermehrung von Seerosen.

Die Informationen und Empfehlungen in diesem Buch tragen keinerlei Garantien seitens des Verfassers oder des Verlegers. Beide können nicht für etwaige Schäden, die aus der Umsetzung des Inhalts dieses Buches entstehen, verantwortlich gemacht werden.

Danksagung

Der Verleger möchte sich bei den folgenden Personen und Firmen für deren geschätzte Hilfe und Unterstützung bei diesem Buch bedanken: Anthony Archer-Wills, Gail Paterson und Emma Spicer von New Barn Aquatic Nurseries (West Chiltington) und Gill Page von Murrells Nursery (Pulborough, West Sussex).

Inhalt

Einleitung

Im Teich wachsende Pflanzen gehören für den Gärtner zu den interessantesten, und das nicht nur wegen ihrer Vielfältigkeit, sondern vielmehr wegen ihres Einflusses auf einen aquatischen Lebensraum.

Die schwimmenden Blätter von Seerosen und anderen Tiefwasserpflanzen in Verbindung mit zahlreichen frei schwimmenden Wasserpflanzen erhalten das Interesse am Teich und, was noch wichtiger ist, schatten ihn ab. Dadurch wird einerseits Algenwuchs erheblich eingeschränkt und gleichzeitig ein beruhigter Lebensraum für Fische geschaffen. Ein Teich sollte nicht von oben abgeschattet werden, denn alle Teichpflanzen profitieren von direktem Sonnenlicht; es muss jedoch nicht bis in die untersten Wasserschichten reichen.

Unter Wasser herrscht rege Aktivität. Wenn der Teich nicht mehr als bis zur Hälfte durch Blattwerk abgeschattet ist, regt die Sonneneinstrahlung das Wachstum submerser, unter der Wasseroberfläche lebender Pflanzen an, die durch Nahrungsentzug wiederum das Wachstum der Algen reduzieren, besonders der einzelligen Grünalgen, die oftmals einen „Erbsensuppeneffekt" auslösen. Submerse Pflanzen sind die „Arbeiter", die im Konkurrenzkampf um im Wasser gelöste Mineralsalze die Algen erfolgreich „verhungern" lassen. Dies ist bei der Schaffung und Erhaltung eines natürlichen Gleichgewichts ein wichtiger Faktor.

Submerse Pflanzen sind dadurch die unscheinbaren, unbesungenen Helden des Wassergartens. Die meisten sind ziemlich einfache, krautartige Pflanzen mit wenigen oder unscheinbaren Blüten.

Die einzigen Ausnahmen bilden die Wasserfeder, *Hottonia palustris*, und der Gemeine Wasserhahnenfuß, *Ranunculus aquatilis*. Beide treiben wunderschöne Blüten über die Wasseroberfläche hinaus und sind eine Pracht.

Den hauptsächlichen Beitrag zum Wassergarten leisten die Ufer- und Sumpfpflanzen, auch wenn die ausnehmende Schönheit schwimmender Seerosenblüten nicht zu leugnen ist; sie sind jedoch nur im Sommer vorhanden. Ufer- und Sumpfpflanzen haben nur einen geringen Einfluß auf das Wohlergehen und natürliche Gleichgewicht eines Gartenteichs. Sie sind hauptsächlich dekorativ, gelegentlich sogar spektakulär. Die kleinen rosafarbenen Frühlingsblüten von *Primula rosea* und die kontrastreichen, goldenen Blütenbüschel der Sumpfdotterblume, *Caltha palustris* sowie die kupfer-bronzenen Herbstfarben des Königsfarns, *Osmunda regalis*, schaffen eine über lange Zeit anhaltende Farbenpracht.

Aber auch für andere Wasserarrangements gibt es eine Vielzahl an brauchbaren Pflanzen. Für einen Kübel auf der Terrasse eignen sich Zwergseerosen und Zwergrohrkolben, während in einem großen Teich die Riesenseerose *Nymphaea* „Gladstoneana" wachsen und mit Rohrkolben sowie Sumpfschwertlilien kombiniert werden kann. Es gibt wirklich etwas für jeden Geschmack.

oben ... Nymphaea *„Firecrest", eine beliebte Seerose für den mittelgroßen Teich.*

rechts ... *Pflanzen in Perfektion. Die grünen Blattpolster und farbenprächtigen Blüten der Seerosen sind von offenem Wasser umgeben. Die das Ufer einrahmenden Pflanzen schaffen eine Verbindung mit der Umgebung.*

Zwerg- und kleinwüchsige Seerosen

Neben den herkömmlichen in Gartenteichen wachsenden Seerosen gibt es auch noch einige Zwerg- und kleinwüchsige Varietäten für Kübel, Container und Aquarien. Die echten Zwergformen nehmen oft einen Platz an den Uferrändern ein. Generell können jedoch alle Varietäten bei angemessener Wassertiefe auch in größeren Gewässern wachsen.

Die kleinwüchsigen Varietäten der Seerose stellen die gleichen Ansprüche wie die großen. Die Zwergformen sind allerdings etwas anspruchsloser. Während die meisten Seerosen für ihr Wohlergehen ständig untergetaucht sein müssen, können die Zwerge unter ihnen den Winter über herausgenommen und in einer feuchten Umgebung eingewintert werden. Das heißt, dass ein Kübel mit einer Zwergseerose nicht den Winter hindurch mit Wasser gefüllt sein muss. Das Wasser kann abgepumpt und die Seerose bis zum nächsten Frühjahr in feuchtem Kompost untergebracht werden. Dann wird der Kübel wieder mit Wasser gefüllt, und die Pflanze zu neuem Leben erweckt. Zwergseerosen können auch sehr erfolgreich in Felsbecken ohne durchlaufendes Wasser kultiviert werden. Vor Einbruch des Winters wird das Wasser abgelassen, das Becken mit Stroh gefüllt und sorgfältig mit Plexiglas oder Polyethylenfolie abgedeckt. So kann die Seerose gut überwintern, und es besteht kein Risiko für eine Beschädigung des Felsbeckens durch sich beim Einfrieren ausdehnendes Wasser. Falls das als unansehnlich betrachtet wird, kann eine Teichheizung das Gefrieren des Wassers verhindern.

oben ... *Zwergseerosen sind vollständige Miniaturausgaben der natürlichen Standardvarietäten. Sie haben auch die gleiche Blütezeit vom Frühsommer bis zum Herbst.*

Tipps zur Kultivierung

Zwerg- und kleinwüchsige Varietäten von Seerosen sollten in Töpfen oder Körben wachsen, obwohl die Zwergformen auch direkt in geeignete Erde oder Wasserpflanzenkompost auf dem Boden kleiner Kübel oder Container gepflanzt werden können.

Sie sind pflegeleicht und werden nur alle drei Jahre umgetopft und neu gesetzt, zwischendurch aber regelmäßig gedüngt. Vermehrt wird durch Teilung oder Augentriebe und bei *N. tetragona* auch durch Samen.

unten ... Nymphaea pygmaea „*Helvola*"
ist überaus wuchsfreudig.

Empfohlene Pflanzen

Nymphaea „Graziella"
Viele im Sommer erscheinende
orangerote Blüten mit bis zu
5 cm Durchmesser und tief
orangefarbenen Staubgefäßen.
Die olivgrünen Blätter haben
braune und purpurne Flecken.
Ausbreitung ... 30-60 cm.
Tiefe ... 30-60 cm.
Blütezeit ... Sommer.
Vermehrung ... Augentriebe.

N. „Hermine"
Tulpenförmige Blüten von
reinstem Weiß über dunkel-
grünen ovalen Blättern.
Ausbreitung ... 30-60 cm.
Tiefe ... 30-60 cm.
Blütezeit ... Sommer.
Vermehrung ... Augentriebe.

N. tetragona
Die kleinste Seerose mit Blüten von
maximal 2,5 cm Durchmesser. Sie
sind rein weiß, sternförmig und von
zarter, papierartiger Struktur. Kleine
grüne Blätter mit purpurner
Unterseite.
Ausbreitung ... 20 cm.
Tiefe ... bis zu 20 cm.
Blütezeit ... Sommer.
Vermehrung ... Augentriebe.

N. pygmaea „Helvola"
Schöne sternförmige, leuchtend
gelbe Sommerblüten.
Die olivgrünen Blätter sind kräftig
purpur und braun gescheckt.
Ausbreitung ... 30 cm.
Tiefe ... bis zu 30 cm.
Blütezeit ... Sommer.
Vermehrung ... Augentriebe.

N. „William Falconer"
Blutrote Blüten mit leuchtend
gelben Staubgefäßen zwischen tief
olivgrünen Blättern, die im frühen
Wachstumsstadium auffällig purpur
gefärbt sind.
Ausbreitung ... 45-60 cm.
Tiefe ... 45-60 cm.
Blütezeit ... Sommer.
Vermehrung ... Augentriebe.

oben ... Alle Seerosen brauchen
direktes Sonnenlicht. Bei Zwerg-
und kleinwüchsigen Varietäten
muss das aus dem Teich oder
Behälter verdunstende Wasser
regelmäßig ergänzt werden.
Eine Vernachlässigung in dieser
Hinsicht führt schnell zum
Verlust der Pflanzen.

problematische Varietäten

Während weiß und gelb
blühende Zwergseerosen
frei schwimmen und sich
gut für den Teich eignen,
sind die roten eine
Enttäuschung.
Nymphaea tetragona
und **N. pygmaea „rubra"**
bringen wenige, nur selten
gleichzeitig erscheinende
Blüten hervor. Beide Varietäten
sind wegen nur spärlich
produzierter Augentriebe
schwer zu vermehren und
im Gegensatz zu der aus
Samen zu vermehrenden
N. tetragona sind
die wenigen Blüten steril.

Mittelgroße Seerosen

Für den Gärtner mit einem durchschnittlich großen Teich ist eine wundervolle Auswahl an Seerosen erhältlich. Die meisten davon sind sehr beliebte, bereits ältere Varietäten, die während der zweiten Hälfte des 19. und Anfang des 20. Jahrhunderts in Frankreich kultiviert wurden. Alle blicken auf eine lange Entwicklungsgeschichte zurück und wachsen im Gegensatz zu moderneren Arten aus den USA, die sich in den kühleren Gebieten Nordeuropas nicht wohl fühlen, in den meisten Klimazonen gut.

Seerosen sind in vielen Farben erhältlich. Nur die blauen und graugrünen Farbvarietäten gehören zu tropischen Formen, die unter unseren Bedingungen nicht besonders robust sind. Die Form der Blüten variiert von sternförmig bei „Rose Aray" über die Pfingstrosenform bei „James Brydon" bis hin zu kelchförmig bei „Marliacea Albida". Im Gegensatz zu tropischen Formen, deren Blüten sich über die Wasseroberfläche erheben, schwimmen die der robusteren Formen zwischen den Blättern der Seerosen.

Alle der landläufig angebotenen, mittelgroßen Seerosen sind winterfest. Ihre Größe schwankt mit der ihnen zur Verfügung stehenden Wassertiefe. Je flacher das Wasser, desto kleiner ist die Oberflächenausdehnung der Blätter.

Die größte Vielfalt an Blütenformen, Farben, Düften und Blattmustern findet sich unter den älteren, traditionellen, mittelgroßen Seerosenvarietäten.

oben ... Nymphaea *„James Brydon" ist die schönste der pfingstrosenförmigen Seerosen, obwohl sie zum Einleben und Entwickeln eines regelmäßigen Blühmusters eine ganze Saison braucht.*

Empfohlene Pflanzen

Nymphaea „Arc-en-ciel"
Die einzige Varietät der Seerose mit wirklich gescheckten Blättern. Diese sind tief olivgrün und kräftig purpur, rosa, weiß und bronzefarben gescheckt. Die Blütenblätter sind schmal, weiß bis rosafarben und papierartig.
Ausbreitung ... 45–90 cm.
Tiefe ... 45–90 cm.
Blütezeit ... Sommer.
Vermehrung ... Augentriebe.

N. „Gloire du Temple-sur-Lot"
Eine doppelt gefüllte, duftende, rosafarben blühende Seerose, die wie eine Chrysantheme aussieht. Große, einfarbig grüne Blätter.
Ausbreitung ... 45–90 cm.
Tiefe ... 45–90 cm.
Blütezeit ... Sommer.
Vermehrung ... Augentriebe.

N. „James Brydon"
Eine scharlachrot blühende Seerose mit eher rundlichen und weniger pfingstrosenförmigen Blüten. Dunkel purpurgrüne Blätter, oftmals mit kastanienbraunen Flecken.
Ausbreitung ... 45–90 cm.
Tiefe ... 45–90 cm.
Blütezeit ... Sommer.
Vermehrung ... Augentriebe.

N. „Marliacea Albida"
Duftende, rein weiße, schalenförmige Blüten mit bis zu 15 cm Durchmesser. Die Kelchblätter und die Unterseiten der Blütenblätter haben oft rosafarbene Einschläge. Die Blätter sind dunkelgrün mit purpurnen Unterseiten.
Ausbreitung ... 45–90 cm.
Tiefe ... 45–90 cm.
Blütezeit ... Sommer.
Vermehrung ... Augentriebe.

N. „Marliacea Chromatella"
Große, leuchtend gelbe Blüten mit breiten Blütenblättern. Die Kelchblätter sind hellgelb und rosafarben angehaucht. Die olivgrünen Blätter sind auffällig kastanienbraun und bronzefarben gesprenkelt und gefleckt.
Ausbreitung ... 45–75 cm.
Tiefe ... 45–75 cm.
Blütezeit ... Sommer.
Vermehrung ... Augentriebe.

N. „Rose Arey"
Große, sternförmig rosafarbene Blüten mit wundervollem Anisduft. Die jungen Blätter sind rot, und die adulten grünen zeigen oft einen auffällig rötlichen Einschlag.
Ausbreitung ... 45–75 cm.
Tiefe ... 45–75 cm.
Blütezeit ... Sommer.
Vermehrung ... Augentriebe.

oben ... *Nymphaea odorata „Alba" ist eine sehr robuste, frei schwimmende, duftende Seerosenvarietät mit attraktiven apfelgrünen Blättern.*

problematische Varietäten

Nur eine mittelgroße Seerose ist zu meiden - **N. „Col. A.J. Welch"**. Es ist eine spärlich blühende, gelbe Varietät, die sich vivipar fortpflanzt. Oftmals entpuppt sich eine vielversprechend aussehende Knospe als Ableger. Wegen ihrer freien Form der Vermehrung wird sie oftmals billig angeboten. Sie ist eine eher wuchernd wachsende, derbe Varietät mit zu viel Blattwerk.

links ... *Nymphaea „Marliacea Chromatella" ist eine dankbare, frei schwimmende Seerose für den mittelgroßen Teich. Sie ist sehr anpassungsfähig und gedeiht sowohl in nur 30 cm als auch in 1 m tiefem Wasser. Sie wird häufig angeboten.*

Große Seerosen

Die zahlreichen beeindruckend großen Seerosen sind nur für große Teiche oder Seen geeignet. Für die meisten Gärtner kommt die Kultivierung dieser schönen Wasserpflanzen nicht infrage, doch ist es wichtig zu wissen, welche Varietäten sich für eine große Wasserfläche eignen, da sie oft auch für den durchschnittlich großen Gartenteich angeboten werden. Auch sie wachsen in flachem Wasser, jedoch entwickeln sich Blüten und Blätter dann nicht zur vollen Größe.

Großwüchsige Seerosen sind für die Kultivierung in Pflanzkörben nicht gut geeignet, da sie einfach zu stark wuchern. Sie wachsen viel besser, wenn sie sich frei im Teichgrund ausbreiten können.

Bei sehr gutem Wachstum können Varietäten wie N. „Gladstoniana" und N. „Escarboucle" spektakuläre Blüten mit einem Durchmesser von bis zu 15 cm und einzelne Blätter von bis zu 30 cm entwickeln.

Bei der Kultivierung dieser Riesen sollte jeder Pflanze eine Fläche von 2 bis 3 m zur Verfügung stehen, die sie mit ihren Blättern abdecken kann. Keine von diesen kann sich bei einer Wassertiefe von weniger als 0,90 m frei entwickeln.

unten ... *Von den zahlreichen, kräftigen, purpur- und pflaumenfarbenen, weiß gestreiften Varietäten, hat* Nymphaea **„Charles de Meurville"** *die längste Blühzeit.*

Empfohlene Pflanzen

Nymphaea „Charles de Meurville"
Kräftig wachsend mit großen
pflaumenfarbenen Blüten und
weiß gestreiften Blütenblättern
mit weißen Spitzen.
Die Blüten dunkeln im Verlauf der
Saison in ein tiefes Weinrot nach.
Die Blätter sind kräftig olivgrün.
Ausbreitung ... 1,2-1,8 m.
Tiefe ... 1,2-1,8 m.
Blütezeit ... Sommer.
Vermehrung ... Augentriebe.

N. „Escarboucle"
Eine sehr großblütige, stark duftende,
scharlachrote Varietät mit leuchtend
gelben Staubgefäßen.
Kräftig grüne Blätter.
Ausbreitung ... 1,2-1,8 m.
Tiefe ... 0,9-1,5 m.
Blütezeit ... Sommer.
Vermehrung ... Augentriebe.

N. „Gladstoniana"
Enorm große, rein weiße, wächserne
Blüten mit kräftig gelben Staubgefäßen.
Dunkelgrüne Blätter mit braun
gesprenkelten Stielen.
Ausbreitung ... 1,2-2,4 m.
Tiefe ... 1,2-2,4 m.
Blütezeit ... Sommer.
Vermehrung ... Augentriebe.

N. „Marliacea Carnea"
Fleischfarbene Blüten mit Vanilleduft
und leuchtend gelben Staubgefäßen,
die zahlreich zwischen grünen, im
Jungstadium oft purpurnen Blättern
erscheinen. Neu gepflanzte Exemplare
bringen in ihrer ersten Saison manchmal
weiße Blüten hervor.
Ausbreitung ... 1,2-1,8 m.
Tiefe ... 1,2-1,8 m.
Blütezeit ... Sommer.
Vermehrung ... Augentriebe.

N. tuberosa „Richardsonii"
Schöne weiße, kugelförmige, wachsartige
Blüten zwischen grell grünen, rundlichen
Blättern. Die Staubgefäße sind auffällig
leuchtend grünlich gelb.
Ausbreitung ... 1,2-1,5 m.
Tiefe ... 1,2-1,5 m.
Blütezeit ... Sommer.
Vermehrung ... Augentriebe.

oben ...
Nymphaea „Escarboucle" ist eine der vielgestaltigsten unter den großwüchsigen Seerosen. Bei tiefem Wasser und uneingeschränktem Wurzelwachstum wird sie mit Einzelblüten in der Größe von Suppentellern zur Königin unter den Wasserpflanzen.

links ...
Nymphaea „Marliacea Carnea" ist vermutlich die am häufigsten kultivierte rosablühende Seerose. Sie ist eine Kreation des berühmten französischen Hybridenzüchters Joseph Bory Latour Marliac und wird häufig unter dem Namen „Morning Glory" angeboten.

Andere Tiefwasserpflanzen

Obwohl die unteren, tieferen Wasserschichten des Teichs zweifellos den Seerosen gehören, kann eine Vergesellschaftung mit anderen Tiefwasserpflanzen gelegentlich von großem Vorteil sein. Die zwei wertvollsten Eigenschaften dieser Pflanzen, die als Tiefwasserpflanzen bezeichnet werden, sind ihre Toleranz gegenüber fließendem Wasser und ihre jahreszeitlichen Veränderungen.

rechts ... Nymphoides peltata *ist eine sehr anpassungsfähige, fließendes Wasser und Halbschatten tolerierende Pflanze.*

Wenn der Teich nicht gerade ausnehmend groß ist, ist es unmöglich, Seerosen mit Fontänen oder Wasserfällen zu kombinieren. Sie sind natürliche Bewohner ruhiger Staugewässer und gehen bei Kontakt mit Fließwasser oder ständig auf die Blätter spritzendem Wasser schnell zugrunde.

Die *Nuphar*-Arten oder Teichrosen hingegen tolerieren Fließwasser und sogar etwas Schatten. Sie produzieren ähnlich wie Seerosen schwimmende Blätter, allerdings sind ihre Blüten nicht so spektakulär.
Bei der Wasserähre, *Aponogeton distachyos*, sind die Blätter kleiner und weniger Aufsehen erregend, doch sind die vom späten Frühjahr bis zum Wintereinbruch produzierten Blüten mit ihrem Duft nach Vanille einmalig. Keine Seerose hat eine so lange Blühperiode.

oben ...
Die Wasserähre, Aponogeton distachyos, *ist nicht nur eine blühende Schönheit, sondern auch eine kulinarische Delikatesse. Die knackig weißen Blüten sind eine exzellente Salatzutat.*

oben ...
*Orontium aquaticum gehört zu den robustesten
und schönsten, bereitwillig blühenden Tiefwasserpflanzen.*

Aponogeton distachyos (Wasserähre)
Eine schöne Pflanze mit Blütezeit vom
späten Frühjahr bis zum Einbruch des
Winters. Die Blüten haben schwarze
Staubgefäße, einen anregenden Vanilleduft
und sind gabelartig weiß gestreift.
Die mehr oder weniger länglichen grünen
Blätter sind oft kastanienbraun gesprenkelt.
Ausbreitung ... 30-90 cm.
Tiefe ... 30-90 cm.
Blütezeit ... Spätes Frühjahr bis Winter.
Vermehrung ... Teilung/Samen.

Nuphar advena
(Sumpfteichrose)
Eine kräftig wachsende Teichrose mit
rundlichen gelben Blüten von 8 cm
Durchmesser, die oft purpur angehaucht
sind. Die Staubgefäße sind kräftig
kupferrot. Die großen, fleischigen
grünen Blätter sind dick und ledrig.
Ausbreitung ... 45 cm-1,5 m.
Tiefe ... 45 cm-1,5 m.
Blütezeit ... Sommer.
Vermehrung ... Teilung.

N. lutea (Große Mummel)
Kleine, flaschenförmige, gelbe Blüten mit
einem auffallend alkoholischen Aroma
zwischen ledrigen, saftig grünen, ovalen
Blättern. Eine kräftig wachsende Pflanze,
die sich am besten für große Teiche eignet.
Ausbreitung ... 30 cm-2,4 m.
Tiefe ... 30 cm-2,4 m.
Blütezeit ... Sommer.
Vermehrung ... Teilung.

Nymphoides peltata (Seekanne)
Diese kräftige Pflanze sieht auf den
ersten Blick wie eine Seerose aus. Sie hat
kräftig gelbe, gefranste Blüten, die von
Mittsommer bis Herbstanfang zwischen
kleinen rundlichen, leuchtend grünen,
oft stark braun gesprenkelten
Miniaturblättern erscheinen.
Ausbreitung ... 30-75 cm.
Tiefe ... 30-75 cm.
Blütezeit ... Mittsommer bis Herbst.
Vermehrung ... Teilung.

Orontium aquaticum (Goldkeule)
Eine merkwürdige Verwandte der
Zimmerkalla, die Mengen von aufrechten,
bleistiftartigen, kräftig goldfarbenen und
weißen Blüten produziert. Die blaugrünen
Blätter sind lanzettförmig und schwimmen
auf der Wasseroberfläche.
Ausbreitung ... 45 cm.
Tiefe ... 45 cm.
Blütezeit ... Sommer.
Vermehrung ... Teilung.

und ihre Kultivierung

Schilfrohr- und Binsengewächse

Neben Seerosen sehen die meisten Wassergärtner Schilfrohr- und Binsengewächse als die zweitwichtigsten typischen Teichpflanzen an. Das trifft speziell auf die *Typha*-Arten oder Rohrkolbenschilf zu, das oft auch als Sumpfbinse bezeichnet wird und dicke, schokoladenbraune Fruchtstände ausbildet.

unten …
Die feuerhakenförmigen Fruchtstände des Schmalblättrigen Rohrkolbens, Typha angustifolia, *erregen immer wieder Aufsehen. Die Pflanze breitet sich schnell aus und muß durch Pflanzkörbe oder im Uferbereich durch unterschiedliche Wassertiefen eingegrenzt werden.*

Schilfrohr- und Binsengewächse gehören zu den am schwersten erfolgreich in einem Teich zu kultivierenden Pflanzen.

Die meisten wachsen nur gut in Pflanzkörben, wenn diese ausreichend gedüngt werden. Pflanzt man sie frei in die Erde der Uferränder, so breiten sie sich schnell aus und wachsen ineinander. Vorausgesetzt, man ist mit ihrem Wuchsverhalten vertraut, können sie jedoch zufriedenstellend kultiviert werden und leisten einen großen Beitrag zum Aussehen des Teichs.

Alle haben architektonische Qualitäten, die im Fall von *Juncus*-Arten oder Echten Binsen, das ganze Jahr lang zum Tragen kommen. Die *Scirpus*- oder *Schoenoplectus*-Arten sind ebenfalls fast durchgehend grün und durch ihr oftmals beeindruckend überreiches Blattwerk sehr effektvoll.

rechts …
Das Lange Zypergras, Cyperus longus, *fühlt sich an einem Ufer am wohlsten, von dem aus es die schlammigen Gewässerränder besiedeln kann.*

Empfohlene Pflanzen

Butomus umbellatus (Schwanenblume)
Keine echte Binse, aber mit leuchtend grünen binsenartigen Blättern. Schöne, im Spätsommer an breiten Dolden erscheinenden rosafarbene Blüten.
Höhe ... 60-90 cm.
Ausbreitung ... 30-45 cm.
Tiefe ... bis zu 15 cm.
Blütezeit ... Spätsommer.
Vermehrung ... Teilung.

Carex pendula (Hängesegge)
Eine der wenigen Seggen für den Teich. Eine hochgewachsene schöne Pflanze mit kräftig grünen, riemenartigen Blättern und langen, hängenden, bräunlich grünen, kätzchenartigen Sommerblüten.
Höhe ... 90 cm.
Ausbreitung ... 45-60 cm.
Tiefe ... bis zu 10 cm.
Blütezeit ... Sommer.
Vermehrung ... Teilung/Samen.

Juncus effusus „spiralis" (Korkenzieherbinse)
Eine bizarre Version der gewöhnlichen Binse, aber mit dunkelgrünen, nadelartigen, korkenzieherartig gedrehten Blättern. Eine Neuheit mit kleinen braunen Blütenquasten.
Höhe ... 30-45 cm.
Ausbreitung ... 15-25 cm.
Tiefe ... bis zu 15 cm.
Blütezeit ... Sommer.
Vermehrung ... Teilung.

Schoenoplectus tabernaemontani „zebrinus" (Zebrabinse)
Eine schöne Mutation mit dicken, langen, nadelartigen Stielen, die waagerecht abwechselnd weiß und grün gestreift sind. Gelegentlich werden kleine braune Blütenquasten produziert.
Höhe ... 90 cm-1,2 m.
Ausbreitung ... 45-60 cm.
Tiefe ... bis zu 15 cm.
Blütezeit ... Sommer.
Vermehrung ... Teilung.

Typha minima (Zwergrohrkolben)
Diese schöne Zwergbinse produziert Mengen von dunkelgrünen nadelartigen Blättern, zwischen denen rundlich braune Fruchtstände in Klumpenform erscheinen.
Höhe ... 45 cm.
Ausbreitung ... 15-20 cm.
Tiefe ... bis zu 10 cm.
Blütezeit ... Sommer.
Vermehrung ... Teilung.

unten ...
Schilfrohr- und Binsengewächse leisten wichtige optische und funktionelle Beiträge zum Teich und bieten kleinen Wildtieren einen attraktiven Lebensraum.

Problem Varietäten

Alle einfarbig grünen Juncus-, Carex- *und kleinblättrigen* Schoenoplectus-*Arten sollte man besser meiden. Es sind unkrautartige Pflanzen, die sich durch Samen ausbreiten und einen Teich zuwuchern können. Arten wie* Juncus effusus *und* Carex riparia *werden für Naturteiche angeboten, können aber zu einer echten Plage werden und schwerwiegende Probleme bei der Pflege verursachen.*

Iris

Von allen Uferpflanzen sind die *Iris* die vielgestaltigsten. Sie sind von unterschiedlicher Statur und produzieren Blüten in fast allen Farben und Kombinationen, die man sich vorstellen kann. Außerhalb des Teiches stellen *Iris* eine außergewöhnliche Familie dar, die von winzigen Zwiebelarten für den Steingarten bis hin zu monströsen bärtigen Arten für die sonnige Krautpflanzenrabatte und eleganten, Feuchtigkeit liebenden Varietäten für den Moorgarten reichen. Die Feuchtigkeit liebenden Arten werden oft mit den echten Sumpfiris verwechselt, da sie sich sehr ähnlich sehen und die Unterschiede in Gärtnereien und Gartencentern gern ignoriert werden.

Man kann mit einem einfachen Test feststellen, ob sich eine *Iris* am Teichrand wohl fühlt oder einen Moorgarten vorzieht. Man nimmt ein Blatt und reibt sanft mit dem Daumen darüber. Ist das Blatt glatt, möchte die *Iris* im Wasser stehen. Hat das Blatt eine kräftige Mittelrippe, zieht die Pflanze einen moorigen Standort vor.

Iris werden in der Hauptsache wegen ihrer schönen, im Frühjahr erscheinenden Blüten kultiviert, doch sind ihre schwertartigen Blätter ebenso eindrucksvoll. Das trifft besonders auf die farbig gefleckten Varietäten zu, die besonders in formalen, eckigen Betonteichen recht dramatische architektonische Effekte erzeugen.

links ...
Die Sumpfschwertlilie, Iris pseudacorus, *ist gut für einen großen oder naturnahen Teich geeignet. Sie hat viele schöne Varietäten hervorgebracht. Neben der cremegelb und grün gescheckten „Variegata" gibt es eine doppelblütige Form, „Flore Plena", eine hellgelbe Varietät, „Sulphur Queen", sowie eine cremeweiß blühende namens „E. Turnipseed".*

rechts ... *Alle* Iris-Arten, *ob nun echte Wasserpflanzen oder Sumpfvarietäten, bieten dem einfallsreichen Gärtner vielfältige gestalterische Möglichkeiten.*

Iris laevigata (Jap. Wasserschwertlilie)
Die Ursprungsform vieler farbenprächtiger Sumpfiris. Eine schöne blau blühende Pflanze mit dichten Bündeln glatter, grüner, schwertförmiger Blätter.
Höhe ... 60-90 cm.
Ausbreitung ... 30-45 cm.
Tiefe ... bis zu 15 cm.
Blütezeit ... Sommer.
Vermehrung ... Teilung / Samen.

I. laevigata „Variegata"
Sie wird oft auch als „Elegantissima" angeboten und hat die gleichen blauen Blüten der Ursprungsform, daneben aber auffällig grün und weiß gestreifte, schwertförmige Blätter.
Höhe ... 60-75 cm.
Ausbreitung ... 30-40 cm.
Tiefe ... bis zu 10 cm.
Blütezeit ... Sommer.
Vermehrung ... Teilung.

I. pseudacorus (Sumpfschwertlilie)
Eine gut bekannte, kräftige Pflanze für den großen Wassergarten oder Naturteich. Lange, mittelgrüne, riemenartige Blätter und leuchtend gelbe Blüten mit deutlich schwarzer Zeichnung. Dunkelgrüne Samenkapseln mit orangebraune Samen.
Höhe ... 90 cm-1.2 m.
Ausbreitung ... 45-60 cm.
Tiefe ... bis zu 25 cm.
Blütezeit ... Sommer.
Vermehrung ... Teilung/Samen.

I. pseudacorus „Variegata"
Eine der am spektakulärsten gezeichneten Blattpflanzen. Obwohl sie wie die Ursprungsform, die Sumpf-Schwertlilie, leuchtend gelbe Blüten produziert, wird sie eigentlich eher wegen der cremegelb und grün gestreiften Blätter kultiviert.
Höhe ... 60-75 cm.
Ausbreitung ... 30-40 cm.
Tiefe ... bis zu 15 cm.
Blütezeit ... Sommer.
Vermehrung ... Teilung.

I. versicolor „Kermesina"
Die schönste Varietät der häufig kultivierten *Iris versicolor*. Tief pflaumenfarbene Blüten mit goldener Zeichnung. Dichte, grüne, schwertförmige Blätter.
Höhe ... 60-75 cm.
Ausbreitung ... 30-40 cm.
Tiefe ... bis zu 10 cm.
Blütezeit ... Sommer.
Vermehrung ... Teilung.

Andere Uferpflanzen

Die Ufer eines Teichs bieten für eine immense Auswahl an interessanten Pflanzen schier endlose Möglichkeiten. In vielen Fällen ist der Uferbereich solchen Pflanzen vorbehalten, die den abrupten Rand verdecken und einen nahtlosen Übergang zum Garten schaffen. Hier bieten sich Pflanzen wie die Bachbunge, *Veronica beccabunga*, das Pfennigkraut, *Lysimachia nummularia*, oder die aufdringliche Wasserminze, *Mentha aquatica*, an. Solche, sich stark ausbreitende Pflanzen können gut mit dem dichten Blattwerk der Sumpfiris oder den dunkelgrünen Blattbüscheln der Sumpfdotterblume, *Caltha palustris*, kombiniert werden.

Uferpflanzen können auch die Blühsaison verlängern und so das Interesse am Teich verstärken. Seerosen sind nur in den Sommermonaten von Interesse. Es sind Charaktere wie die Sumpfdotterblume, *Caltha palustris*, und ihre Varietät „multiplex" mit gefüllten Blüten, die zu einer Zeit, wenn der Teich ohne sichtbares Pflanzenleben und einfach nur von gläserner Ruhe ist, frühlingshafte Farbtupfen setzten.
Verschiedene Uferpflanzen bieten sich auch zur Schaffung von Naturteichen an, denn in den Uferbereichen kann eine erstaunliche Reihe interessanter Pflanzen in nachbarschaftlicher Harmonie vereint werden, von denen jede ihren Beitrag zum Lebenszyklus einer anderen Lebensform leistet.

Empfohlene Pflanzen

Calla palustris (Sumpfcalla)
Eine schöne, kriechende Uferpflanze zum Verdecken der Teichränder.
Sie hat einen kräftigen, sich kriechend ausbreitenden Wurzelstock, der schön glänzende, herzförmige Blätter produziert. Die kleinen weißen Blüten sind segelförmig und werden im Spätsommer von leuchtend orangeroten Fruchtständen abgelöst.
Höhe ... 15-30 cm.
Ausbreitung ... 10-15 cm.
Tiefe ... bis zu 10 cm.
Blütezeit ... Sommer.
Vermehrung ... Teilung / Samen / Stecklinge.

Caltha palustris (Sumpfdotterblume)
Eine schöne, im Frühjahr blühende Uferpflanze. Dunkelgrüne Stauden von glänzenden, muschelförmigen, dunkelgrünen untertassengrossen Blättern mit leuchtend goldgelben, wachsartigen Blüten.
Höhe ... 30-60 cm.
Ausbreitung ... 15-30 cm.
Tiefe ... bis zu 30 cm, besser aber 10 cm.
Blütezeit ... Frühjahr.
Vermehrung ... Teilung / Samen / Stecklinge.

links ... Pontederia cordata *ist ein Lichtblick im spätsommerlichen Teich, besonders in Verbindung mit der schönen, rosa blühenden* Butomus umbellatus.

Empfohlene Pflanzen

Lysimachia nummularia (Pfennigkraut)
Eine kriechende, schnellwüchsige,
fast immergrüne Pflanze, die im
Sommer gelbe, butterblumenartige
Blüten produziert.
Höhe ... 2,5 cm.
Ausbreitung ... 30-45 cm.
Tiefe ... bis zu 10 cm.
Wächst problemlos im Wasser.
Blütezeit ... Sommer.
Vermehrung ... Teilung.

Myosotis scorpioides (früher: *M.palustris*)
(Sumpfvergissmeinnicht)
Eine aquatische und winterharte
Version des gewöhnlichen Garten-
Vergißmeinicht. Die Büschel formende,
glattblättrige Pflanze treibt fast den
ganzen Sommer über winzige blaue,
sternförmige Blüten.
Höhe ... 20-25 cm.
Ausbreitung ... 10-15 cm.
Tiefe ... bis zu 10 cm.
Blütezeit ... Sommer.
Vermehrung ... Teilung / Samen.

Pontederia cordata (Hechtkraut)
Hellblaue Blütenähren erscheinen im
Spätsommer zwischen Garben glänzen-
der, dunkelgrüner Blätter. Eine schöne
aufrechte Pflanze.
Höhe ... 60-90 cm.
Ausbreitung ... 30-45 cm.
Tiefe ... bis zu 15 cm.
Blütezeit ... Spätsommer.
Vermehrung ... Teilung / Samen / Stecklinge.

Veronica beccabunga (Bachbunge)
Aus der Blattachse dieser schnell-
wüchsigen, immergrünen aquatischen
Kriechpflanze werden dunkelblaue
Blüten mit auffällig weißen Augen
ausgetrieben. Perfekt zum Verdecken
unschöner Ränder bei Kunstteichen.
Höhe ... 15-20 cm.
Ausbreitung ... 10 cm.
Tiefe ... bis zu 10 cm.
Blütezeit ... Sommer.
Vermehrung ... Teilung.

rechts ...
Die goldenen Blüten von
Caltha palustris *und die in Kappen*
geschützen Blütenscheiden von
Lysichiton americanus *schaffen*
ein frühlingshaftes Ufer.

Schwimm- und submerse Pflanzen

Viele Gärtner betrachten diese als die unwichtigsten Teichpflanzen. Aus ästhetischer Sicht betrachtet sind sie tatsächlich die am wenigsten interessantesten. Dennoch sind submerse und Schwimmpflanzen die Kraftquellen der Teichökologie.

Ohne sie ist der einzige Weg zu Wasserklarheit jener über einen Teichfilter, was für die meisten aquatischen Lebensformen einen sterilen und kahlen Lebensraum bedeutet. Das Wasser mag zwar rein sein, doch fehlen den Teichbewohnern jegliche Unterschlüpfe zum Verstecken, Fressen und Paaren, und der Teich wird zu einem einrichtungslosen Raum.

Submerse Pflanzen sind sehr unauffällig, denn sie verbringen ihr Leben im Teichgrund verwurzelt und erscheinen nur zum Blühen an der Wasseroberfläche.

Mit Ausnahme der Wasserfeder, *Hottonia palustris*, und des Gemeinen Wasserhahnenfußes, *Ranunculus aquatilis*, produziert keine von diesen attraktive Blüten. Sie leisten daher keinen optischen Beitrag zu der Wasserszenerie.

Mit Schwimmpflanzen verhält es sich ähnlich, obwohl die weißen Blüten der Wassernuss, *Trapa natans*, und des Froschbiss, *Hydrocharis morsus-ranae*, durchaus recht hübsch sind. Wichtig ist ihr Zusammenspiel - die Schwimmpflanzen, die den Lichteinfall ins Wasser einschränken und so den Algenwuchs reduzieren, werden durch submerse Pflanzen ergänzt, die überschüssige Nährstoffe aus dem Wasser aufnehmen und so die Algen aushungern.

Schwimmpflanzen

Hydrocharis morsus-ranae (Froschbiss)
Eine schöne kleine Schwimmpflanze für den Kübel, Container oder kleinen Teich. Zierliche, mittelgrüne, nierenförmige Blattrosetten, im Sommer mit dreiblättrigen weißen Blüten.
Blütezeit ... Sommer.
Vermehrung ... Teilung.

Stratiotes aloides (Krebsschere)
Diese ausgefallene Pflanze sieht wie das im Wasser schwimmende schmalblättrige Oberteil einer Ananas aus. Im Sommer erscheinen papierartige rosaweiße Blüten.
Blütezeit ... Sommer.
Vermehrung ... Teilung.

Trapa natans (Wassernuss)
Schöne schwimmende, rautenförmige, dunkelgrüne Blattrosetten mit hübschen weißen Blüten. Zum Ende des Sommers werden stachelige schwarze Nüsse produziert, die auf den Teichboden fallen und im folgenden Jahr wieder auskeimen.
Blütezeit ... Sommer.
Vermehrung ... Teilung.

Utricularia vulgaris (Gemeiner Wasserschlauch)
Leuchtend gelbe, seekamenartige Blüten auf kräftigen Stängeln, die aus einer feinen, dicht unter der Oberfläche schwimmenden, grünen Blättermasse hervorragen. Diese sind mit blasenartigen Schläuchen durchsetzt, die winzige Wassertierchen fangen und verdauen.
Blütezeit ... Sommer.
Vermehrung ... Teilung.

oben ... *Der Wasserhahnenfuß,* Ranunculus aquatilis, *ist eine der attraktivsten submersen Blühpflanzen. Sie wächst in ruhigen und schneller fließenden Gewässern gleichermaßen gut.*

rechts ... *Das vielgestaltige Tausendblatt,* Myriophyllum aquaticum, *zeigt zum Herbstanfang oft kräftig rote und orangefarbene Einschläge.*

Empfohlene Pflanzen

Hottonia palustris (Wasserfeder)
Die schönste der winterharten submersen Pflanzen. Hübsche, gewirtelte, leuchtend grüne, filigrane Blätter mit im Sommer erscheinenden Ähren mit weißen oder lila angehauchten Blüten.
Blütezeit ... Sommer.
Vermehrung ... Stecklinge.

Lagarosiphon major
(Krause Wasserpest)
Für eine Beschreibung schon fast zu bekannt. Diese dunkelgrüne, gekräuselte Pflanze wird häufig im Tierhandel für Aquarien angeboten.

Die beste und wuchsfreudigste aller submerser Pflanzen.
Blütezeit ... Sommer.
Vermehrung ... Stecklinge.

Myriophyllum aquaticum
(Brasilianisches Tausendblatt)
Eine submers wachsende, Uferränder hinaufkletternde und sogar Moorgärten überfallende Pflanze. Blaugrüne, fein gezahnte Blätter an kriechenden Stielen. Sehr anpassungsfähig.
Blütezeit ... Sommer,
Vermehrung ... Stecklinge.

Ranunculus aquatilis
(Wasserhahnenfuß)
Eine exzellente submerse Pflanze, im Sommer mit schönen papierartigen weißen und goldfarbenen Blüten, die zwischen kleeartigen Schwimmblättern direkt über der Oberfläche erscheinen. Die submersen Blätter sind tief eingeschnitten und werden von Fischen sehr gerne als Laichplätze genutzt.
Blütezeit ... Sommer.
Vermehrung ... Stecklinge.

Blühende Sumpfpflanzen

Ein Moorgarten ist eine schöne Ergänzung für einen Teich und bildet eine attraktive Hintergrundkulisse, die für die meiste Zeit des Jahres Farbe und Kontrast bietet. Selbst im Winter schafft eine gut platzierte Gruppe des die Feuchtigkeit liebenden rotstämmigen Hartriegels, *Cornus alba* „Sibirica" oder ein Exemplar der orangestämmigen Silberweide, *Salix alba* „Chermesina", einen farbenprächtigen Blickpunkt. Die am längsten anhaltenden und schönsten Farben werden von den blühenden Sumpfpflanzen produziert, auch wenn das Sommerlaub von Strukturpflanzen wie *Cornus*-Arten und Weiden schöne Hintergrundkulissen bildet.

rechts …
Kandelaber-Primeln und Feuchtigkeit liebende Iris *leben in Harmonie und bieten im späten Frühjahr und Frühsommer im Moorgarten ein herrlich farbenfrohes Bild.*

Gegenüberliegende Seite, rechts … *Sumpfpflanzen eignen sich auch als Bachrandbepflanzung, wo sie periodisch untergetaucht sind.*

links … *Kandelaber-Primeln lassen sich einfach durch direkt nach der Reife ausgesäte Samen vermehren. Das selbständige Aussäen ist jedoch zu vermeiden. Verwelkte Blütenköpfe sind daher vor der Entwicklung von Samen zu entfernen.*

Viele Pflanzen für den Moorgarten sind von kräftiger Farbe, besonders die im Frühsommer blühenden Primeln wie die tief scharlachrote *Primula japonica* oder die leuchtend orangefarbene *P. aurantiaca*. Das trifft auch auf die winterharten Lobelien wie *Lobelia cardinalis* mit ihren scharlachroten Blüten und auberginefarbenen Blättern und *L. vedrariensis* mit kräftig violetten Blüten und kastanienbraun durchzogenen Blättern zu.

Der Moorgarten erwacht schon im zeitigen Frühjahr mit dem kräftigen Rosa der *Primula rosea* und den lila-weißen Keulenblüten von *P. denticulata* zum Leben. Farbe und Blühfreudigkeit halten die ganze Saison über an, bis schließlich die letzte verblassende Blüte der leuchtend orange gefärbten *Ligularia* „Desdemona" den Beginn des Herbsts ankündigt.

Empfohlene Pflanzen

Astilbe arendsii-Hybriden
Eine Gruppe von farbenprächtigen,
vom Mitt- bis Spätsommer blühen-
den Pflanzen mit dichten
Blütenbüscheln über Bergen von
dichten Blättern. „Fanal" ist rot,
„Peach Blossom" rosafarben
und „Irrlicht" weiß.
Höhe ... 45-90 cm.
Ausbreitung ... 25-45 cm.
Blütezeit ... Sommer.
Vermehrung ... Teilung.

Cardamine pratensis
(Wiesenschaumkraut)
Ein charmanter winterharter
Frühlingsblüher mit einzelnen
lila-rosafarbenen Blüten und
hellgrünen, farnartigen Blättern.
Die Varietät „Multiplex"
hat gefüllte Doppelblüten.
Höhe ... 30-45 cm.
Ausbreitung ... 15-25 cm.
Blütezeit ... Frühjahr.
Vermehrung ... Teilung / Samen.

Filipendula ulmaria
(Echtes Mädesüß)
Schaumige Spitzen von duftenden,
cremeweißen Sommerblüten über
tief eingeschnittenen Blättern.
Es gibt eine Form mit Doppel-
blüten, „Multiplex" und eine
goldblättrige „Aurea".
Höhe ... 60 cm-1,2 m.
Ausbreitung ... 30-60 cm.
Blütezeit ... Sommer.
Vermehrung ... Teilung / Samen.

Iris ensata
(Japanische Sumpfschwertlilie)
Die edelste unter den Sumpfiris. Die
Art treibt grasartige Blattbüschel
und im Sommer breitblättrige, tief
purpurne Blüten. Es gibt viele
Varietäten in zahlreichen Farben.
Höhe ... 60-75 cm.
Ausbreitung ... 30-40 cm.
Blütezeit ... Sommer.
Vermehrung ... Teilung / Samen.

Lobelia cardinalis
(Kardinalslobelie)
Eine der schönsten rot blühenden
Pflanzen. Lebhafte Blüten erschei-
nen auf Wendeln über aubergine-
farbenen Blättern. Es gibt zahlrei-
che unterschiedlich gefärbte
Hybriden mit grünen und
kastanienbraunen Blättern.
Höhe ... 60-90 cm.
Ausbreitung ... 30-45 cm.
Blütezeit ... Sommer.
Vermehrung ... Teilung / Samen.

Primula candelabra-Hybriden
Im Frühsommer blühende Primeln
mit Dolden aus vielfarbigen Blüten
über groben, kohlartigen Blättern.
Es gibt zahlreiche einfarbige Arten
und benannte Varietäten.
Höhe ... 60-75 cm.
Ausbreitung ... 30-40 cm.
Blütezeit ... Sommer.
Vermehrung ... Teilung / Samen.

Blatt-Sumpfpflanzen

Obwohl die Hauptattraktion des Moorgartens die blühenden Pflanzen sind, leisten auch die Blattpflanzen einen erheblichen Beitrag. Sie fungieren nicht nur als kühler, grüner Hintergrund für kräftig gefärbte Sumpfpflanzen, sondern schaffen in Verbindung mit der natürlichen Ufervegetation einen Eindruck von Üppigkeit. Einige tragen sommerliche Strukturen zum Moorgarten oder Bachufer bei, was besonders auf die Zierrhabarber- oder *Rheum*-Arten und stattliche Farne wie den Königsfarn, *Osmunda regalis*, zutrifft.

oben ... *Der Zierrhabarber,* **Rheum palmatum tanguticum**, *ist eine beeindruckende Pflanze zur Teichrandgestaltung. Für ein Blattwerk von bester Qualität müssen die Hauptstämme entfernt werden, bevor sie zu turmhohen Blütenwendeln werden.*

links ... *Hostas oder Funkien sind für Moorgarten und Ufer generell die besten Blattpflanzen. Sie sind in einfarbig grün, blaugrün und vielen gefleckten Formen erhältlich.*

Unter den vielen unterschiedlichen Blattpflanzen für den Moorgarten findet sich eine große Auswahl. Dazu gehören die stahlgrau-grünen Arten von *Hosta* oder Funkien und deren auffällig gebänderte und gefärbte Varietäten in Grün, Weiß, Creme und Gold, der elegante Perlfarn *Onoclea sensibilis*, der gerne schlammige Wasserränder besiedelt, wie auch das Schirmblatt, *Darmera peltata*, dessen sonnenschirmartige Blätter sich im frühen Herbst von leuchtend grün in ein Bronze und Kupferrot verfärben.
Durch eine sorgfältige Standortwahl kann mit Blattpflanzen viel erreicht werden. Sie unterstreichen dabei nicht nur ihre blühenden Nachbarn, sondern sind selbst auch wichtige gestalterische Pflanzen.

oben …
Der Straußenfarn, Matteuccia struthiopteris,
ist mit seinen leuchtend grünen Federblättern
der schönste Farn für den Moorgarten.

Empfohlene Pflanzen

Hosta fortunei (Funkie)
Mit ihren schönen, großen, ovalen, graugrünen Blättern und den sommerlichen, röhrenförmigen, lila bis violetten Blütenwendeln ist dies eine der schönsten Hostas. Es gibt sie in vielen Varietälen wie „Albopicta" mit goldenen Blattachseln, „Aurea" mit gelben, ins Grüne verblassenden Blättern und „Aureomarginata" mit goldenen Blatträndern.
Höhe … 60-90 cm.
Ausbreitung … 30-45 cm.
Vermehrung … Teilung.

Matteuccia struthiopteris (Straußenfarn)
Schöne, leuchtend grüne, wie Strahlen wirkende Blattwedel, die wie Federn um die gedrungene, verholzende Krone angeordnet sind. Die dunkel gefärbten fruchtbaren Blattwedel treiben im Mittsommer aus der Kronenmitte aus.
Höhe … 90 cm.
Ausbreitung … 45 cm.
Vermehrung … Teilung.

Onoclea sensibilis (Perlfarn)
Ein perfekter Farn für den Bachrand mit aufrechten, abgeflachten Blattwedeln, die aus dem verknoteten schwarzen, kriechenden Wurzelstock wachsen. Im Frühling sind die Blätter kräftig rosafarben angehaucht.
Höhe … 45-60 cm.
Ausbreitung … 20-30 cm.
Vermehrung … Teilung.

Osmunda regalis (Königsfarn)
Ein stattlicher Farn mit großen, ledrigen Blattwedeln, die sich vom zeitigen Frühjahr bis Herbst von Hellgrün über Mittelgrün nach Kupferbronze verfärben. Es gibt auch eine „Purpurascens" genannte purpurne Form.
Höhe … 1,2-1,8 m.
Ausbreitung … 60-90 cm.
Vermehrung … Teilung.

Rheum palmatum (Zierrhabarber)
Diese schöne Architekturpflanze hat wie der gewöhnliche Rhabarber breit ausladende Blätter und lange Wendeln von winzigen, cremeweißen Blüten. Es gibt eine als *tanguticum* bezeichnete purpurne Form mit eingeschnittenen Blättern und eine scharlachrot blühende Varietät namens „Bowles Crimson".
Höhe … 1,5-1,8 m.
Ausbreitung … 75-90 cm.
Vermehrung … Teilung.

und ihre Kultivierung

Auswahl von Pflanzen

Man sollte Wasserpflanzen stets von einer darauf spezialisierten Gärtnerei oder in einem Gartencenter mit fachkundig betreuter Abteilung für Wasserpflanzen erwerben. Alle Uferpflanzen und Seerosen sollten im Idealfall in Töpfe gepflanzt sein. Man sollte niemals Seerosen oder andere Wasserpflanzen kaufen, die lose in Verkaufsbecken umherschwimmen, denn diese sind bereits im Sterben begriffen. Wasserpflanzen mit nackten Wurzeln sind nur dann akzeptabel, wenn sie ihrem Substrat frisch entnommen werden.

Viele Gartencenter bieten hochwertige Wasserpflanzen, speziell submerse und Schwimmpflanzen an.

Fertig verpackte Pflanzen können schnell überhitzen und gehen dann ein, weshalb sie meist keine gute Wahl sind.

Das passiert manchmal auch mit submersen Pflanzen, die in losen Bündeln in Wasserbecken aufbewahrt werden. Um zu sehen, ob submerse Pflanzen ihr Geld wert sind, betrachtet man das Bleigewicht an der Basis des Büschels. Schwarze Flecken an den Stielen oder an den Ansätzen der Blätter deuten darauf hin, dass die Pflanzen schon für mindestens eine Woche gebündelt sind und der Bleistreifen die Stiele zum Verrotten bringt. Solche Pflanzen sind ebenfalls zu meiden.

1 Sumpfpflanzen sollten ein dichtes, unbeschädigtes Blattwerk haben.

2 Diese Hosta ist von guter Qualität. Aus dem Topf genommen, lässt sie sich ohne Probleme teilen.

3 Eine gut gewachsene Pflanze sollte gesunde Blätter haben und mühelos blühen.

4 Die Pflanzen sollten gut in ihren Töpfen etabliert und nicht ausgehungert sein.

5 Alle Pflanzen müssen frei von Parasiten sein und nur gesundes, unbeschädigtes Blattwerk zeigen.

rechts ... Für einen gesunden Gartenteich ist die Auswahl von Wasserpflanzen, die ein harmonisches Gleichgewicht schaffen, wichtig. Sie sollten alle den bestmöglichen Start in ihr neues Leben haben.

Iris

Hosta

Astilbe

Stipa

Lystimachia

Lobelia

oben ... Diese Pflanzen sind gut gepflegt. Sie zeigen einen gesunden Wuchs ohne Anzeichen von Parasiten und Krankheiten. Die Töpfe sind sauber und mit frischem Kies abgedeckt. Dies sind geeignete Teichpflanzen.

rechts ... Hier zeigen sich alle guten Qualitäten einer Pflanze, gesunde Blätter, eine voll ausgebildete Blüte und ein geeigneter Topf mit Kiesabdeckung.

links ... Ein schlechtes Beispiel, ausgehungert und in einem ungeeigneten Topf im Konkurrenzkampf mit massenhaft sprießendem Unkraut.

Die geeignete Erde

Die Erde oder der Kompost, der als Pflanzsubstrat verwendet wird, hat einen großen Einfluss auf den Wuchs und die Entwicklung der Pflanzen - sowie auch auf die Klarheit des Teichwassers. Gesunde Wasserpflanzen verlangen für ihr Wohlergehen ein ausgewogenes Angebot an Nährstoffen, die für sie einfach zu absorbieren sein müssen, ohne dabei frei ins Wasser zu entweichen. Wenn Nährstoffe frei im Wasser verfügbar sind, können diese gut von submersen Pflanzen genutzt werden. Besteht jedoch ein Überschuss daran, dann profitieren auch das Wasser grün verfärbende Algen davon. Wie erfolgreich das Gleichgewicht eines Wassergartens etabliert werden kann, hängt von der Eignung des Wachstumsmediums für die Pflanzen ab. Es muss einerseits ausreichende Nährstoffmengen für ihr Wohlergehen enthalten, jedoch andererseits unerwünschte niedere Formen von Pflanzenleben wie Schlammfloren und Algen aushungern.

Wasserpflanzenerde ist sicherlich das teuerste Substrat, hat aber den Vorteil, dass es speziell für die Kultivierung von Teichpflanzen ausgewogen ist. Die Nährstoffe werden langsam freigesetzt, weshalb sie nicht einfach ins Wasser entweichen können.

Normale Gartenerde darf nicht in den Teich gelangen, sie enthält zu viele Nährstoffe und fördert die Schwebealgenblüte.

Gute saubere Gartenerde ist keine Alternative zu Wasserpflanzenerde, da sie viel zu viele Nährstoffe enthält, selbst wenn sie lange nicht gedüngt wurde.

Um Stöckchen, Steine oder das Wasser verschmutzende organische Bestandteile zu entfernen, wird die Erde gut durchgesiebt.

Die geeignete Erde

Erdbeschaffenheit

1 Man entnimmt normale Gartenerde von einer Stelle im Garten, die nicht kürzlich gedüngt wurde. Die Erde wird getrocknet, zerrieben und dann in ein leeres Glas gefüllt. Zwischen Glasrand und Erde sollten 2,5 cm frei bleiben.

2 Nun wird das Glas bis zum Rand mit klarem Wasser gefüllt, damit sich die trockene Erde vollsaugen kann. Beim Austreiben der Luft durch das Wasser entstehen viele Luftblasen.

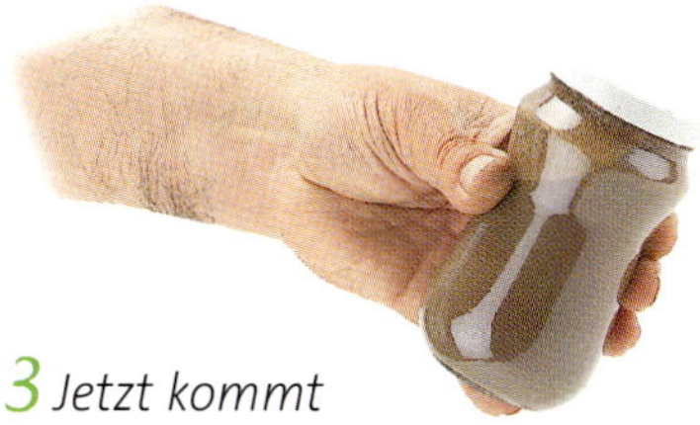

3 Jetzt kommt der Deckel auf das Glas, und es wird kräftig geschüttelt, bis die Erde zu Schlamm wird. Die Konsistenz sollte der von sehr flüssiger Schokolade ohne jegliche Klumpen entsprechen.

4 Man lässt das Glas ungestört stehen, bis sich der Inhalt gesetzt hat. Erst setzt sich der Sand, dann Lehm und dann folgt klares Wasser mit an der Oberfläche schwimmenden organischen Substanzen. Nun wird mindestens 50% Sand untergemischt.

unten ... Ausgewogene Teichlandschaften und gesunde Pflanzen sind das Ergebnis eines geeigneten Wachstumsmediums. Es muss ausreichend Nährstoffe für die Pflanzen enthalten, ohne dabei eine Algenblüte anzuregen.

Pflanzen und Behälter

Es ist überaus wichtig, dass eine Teichpflanze ausreichend viel Platz zum Entwickeln eines guten Wurzelsystems hat, ohne dabei solide Wurzelknäule zu bilden. Von allen Zierpflanzen für den Garten haben die Sumpfpflanzen zweifellos den stärksten Wurzelwuchs. Aus diesem Grunde werden sie am besten in Behälter gepflanzt, die verhindern, daß sie ineinander wachsen, was auch für das regelmäßige Teilen der Wurzelstöcke von Vorteil ist. Ineinander verwachsene Pflanzen sind, wenn die Zeit zum Teilen kommt, ein Alptraum.

Wasserpflanzen wachsen im Gegensatz zu Gartenpflanzen nicht gut in herkömmlichen Töpfen. Für kurze Zeit gedeihen sie gut, doch dann gehen sie auch bei Erde von bester Qualität noch vor Ende der Saison ein. Die Wurzeln der Pflanzen müssen die Möglichkeit haben, ins Wasser zu wachsen, und die Erde muss durch den direkten Kontakt mit dem umgebenden Wasser durch die Seiten eines Gitterkorbes ausreichend belüftet werden. In einem geschlossenen Topf wird die Erde innerhalb von zwölf bis 18 Monaten blau oder schwarz und riecht dann sehr unangenehm.

Es ist eine große Auswahl an Pflanzkörben erhältlich, sie sind zwar teurer als Töpfe oder ähnliche Gefäße, sind jedoch eine sinnvolle Investition und tragen zur richtigen Entwicklung und vollen Entfaltung der Teichpflanzen bei.

Pflanzbehälter reichen von feinmaschigen und herkömmlichen Gitterkörben über Sackleinenbehälter bis hin zu Textilpflanzsäcken.

Einen Korb bepflanzen

1 Man füllt die vorbereitete Erde oder die Wasserpflanzenerde in den Korb. Solche mit weiten Maschen sollten zum besseren Halt der Erde zuvor mit Sackleinen ausgekleidet werden.

2 Mindestens zwei Drittel der Blätter werden ab- und die Wurzeln zurückgeschnitten. Eine in ihrer Wachstumsphase gestörte Pflanze verliert ihre Blätter ohnehin, weshalb ein Rückschnitt von Vorteil ist und ein schnelleres Anwachsen sichert.

3 Bei Uferpflanzen setzt man, je nach Gefäßgröße, drei bis vier Pflanzen in einen Korb. Sie werden gut angedrückt und, falls nötig, wird Erde aufgefüllt. Durch ein erstes Wässern setzt sich die Erde und treibt die Luft aus.

oben ... Zu dicht stehende Ufer- und Sumpfpflanzen wie Iris verlangen regelmäßiges Teilen und Umpflanzen.

4 Die Erde wird mit einer guten, ausgewaschenen Kiesschicht abgedeckt, so dass das Ausschwemmen von Erde und Störungen durch Fische verhindert werden.

6 Der fertig bepflanzte Korb sollte gut gewässert werden, bevor er in den Teich kommt. Auf diese Weise wird der Kompost entlüftet und kann sich setzen.

5 Nun wird aus dem Korb überstehendes Sackleinen sauber mit einer Schere abgeschnitten.

Natürliches Pflanzen

Unter manchen Bedingungen empfiehlt sich ein Einpflanzen direkt in den Teichgrund. Meist ist das bei Teichen mit einem natürlichen, erdigen Grund der Fall. Alternativ dazu ist die zugrunde liegende Teichfolie mit einer großzügigen Erdschicht abgedeckt. In beiden Fällen wird die Ausbreitung der Pflanzen durch Skulpturieren der Erde kontrolliert. Damit sind die unterschiedlichen Ebenen des Teichgrund gemeint, die nur bestimmten Pflanzenarten ein Wachstum ermöglichen. Wenn ein flacher Bereich mit einer Wassertiefe von 15 cm für *Typha* vorhanden ist und das Teichprofil dann plötzlich auf 60 cm abfällt, können sich die *Typha* nicht weiter ausbreiten, denn sie können in tieferem Wasser nicht überleben.

Somit wird die Ausbreitung der Pflanzung und deren letztendlicher Verlauf durch die Ausschachtungslinie zwischen den 15 cm und 60 cm tiefen Bereichen bestimmt. Die Ausbreitung der *Typha* beschränkt sich auf den flachen Bereich.

Man kann Pflanzen mit nackten Wurzeln direkt in den Schlammboden eines Naturteich stecken und sie auf diese Weise erfolgreich kultivieren. Bessere Ergebnisse erzielt man jedoch, wenn die Pflanzen zuvor in Wasserpflanzenerde oder vorbereitete Erde gepflanzt werden. Wurzelballen und Medium werden dazu in ein langsam verrottendes Gewebe gewickelt, durch das die Wurzeln hindurch wachsen können.

Eine Erdrolle bepflanzen

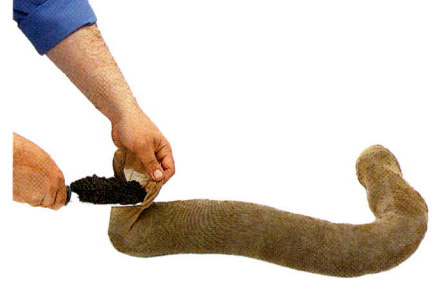

3 Die Pflanzen sollten in Abständen von 15 bis 20 cm gesetzt werden, so dass die Wurzeln schnell miteinander verwachsen und eine solide Vegetationsmasse entsteht.

1 Für eine möglichst natürliche, kontrollierbare Bepflanzung sind mit Erde gefüllte Rollen aus alten Strumpfhosen oder Strümpfen gut geeignet. Dieses Material wird mit geeigneter Erde gefüllt.

2 Dann schneidet man kleine Löcher in das Material, durch welche die Wurzeln der vorbereiteten Uferpflanzen in die Erde gesteckt werden. Man pflanzt mehrere Exemplare derselben Art in eine Rolle.

4 Hier wurden Schwanenblumen, Butomus umbellatus, und blau blühende Mimulus ringens kombiniert. Sie wachsen ähnlich schnell und blühen in optischer Harmonie.

In Sackleinen pflanzen

1 Das Pflanzen in einem Teich mit erdigem Grund wird durch Sackleinenumschläge vereinfacht. Man setzt eine Pflanze mit nackten Wurzeln auf ein quadratisches Stück Sackleinen und fügt Wasserpflanzenerde hinzu.

2 Der Wurzelballen wird eingewickelt, wie ein Päckchen verschnürt und danach gut in Wasser eingeweicht, um vor dem Einsetzen in den Teich die Luft auszutreiben.

3 In Sackleinen gewickelte Pflanzen sind eine perfekte Lösung für Teiche mit Erdgrund. Die Wurzeln wachsen durch das Sackleinen und etablieren sich schnell im Bodengrund. Im Laufe der Zeit verrottet das Sackleinen, ohne dabei die Entwicklung der Pflanze zu stören.

oben ... Schilfrohrarten wie Typha sind für den Naturteich sehr beliebt. Sie verlangen aber eine durchdachte Anpflanzung, um ihr natürlich wucherndes Verhalten in Grenzen zu halten.

Eine Seerose pflanzen

Seerosen sind nicht nur die dekorativsten und bedeutendsten Wasserpflanzen, sondern auch die langlebigste und teuerste Bereicherung für den Gartenteich. Eine Seerose kostet ungefähr soviel wie ein junger, dekorativer Baum und hat in etwa die gleiche Lebenserwartung, verlangt dabei jedoch regelmäßig Wurzelteilungen.

Das Wachstum einer Pflanze spiegelt die Qualität der Erde wider, in welcher sie wächst. Dies trifft um so mehr auf Seerosen zu, denn sie sind gierige „Fresser". Ihre Nährstoffansprüche wurden früher durch gut verrotteten Kompost oder Rasen gestillt, und viele alte Gartenbücher empfahlen diese Methode. Das Problem dabei war, dass nicht nur die Seerosen, sondern auch Schlammfloren und das Wasser grün verfärbende Algen gediehen. Der Teich war ein permanent mit Nährstoffen übersättigter Lebensraum, über den der Gärtner keine Kontrolle mehr hatte.

Heute werden die meisten Seerosen in Körben verkauft, die oftmals direkt in den Teich gestellt werden können und in denen sie ohne weitere Pflegemaßnahmen die ganze Saison hindurch gedeihen. Selbst wenn sie nach dem Einkauf umgehend umgetopft werden müssen, sind Seerosen in Körbchen für den Wassergärtner von heute die beste Lösung. Ein ausgewogener Pflanzkompost trägt den Ansprüchen der Pflanze sowie einer nachhaltigen Wasserklarheit Rechnung.

Vorbereiten und Pflanzen einer Seerose

1 Man wählt eine kräftig wachsende Krone aus einem Seerosenbündel aus und entfernt alle alten oder sterbenden Wurzeln. Während des Wachstums treiben die meisten Seerosen neue Wurzeln aus, so dass die steifen Überreste wertlos sind.

2 Überschüssiges faseriges Wurzelwerk wird 1 cm über der Pflanzenkrone abgeschnitten. Solche Wurzeln sind nicht haltbar und wachsen nicht mehr an. Durch das Abschneiden wird ein frisches, schnelles Wurzelwachstum angeregt. Totes Gewebe an der Hauptkrone wird entfernt.

3 Alle Blätter und Knospenansätze werden dicht über der Hauptkrone abgeschnitten, denn sie werden in jedem Fall gelb und sterben ab. Bis dahin fungieren sie aber als unerwünschte Schwimmhilfen und heben die Pflanze aus ihrem Korb.

4 Die ideale Krone einer Seerose besteht aus einem soliden, Stärke enthaltenden Wurzelteil mit einem kräftigen Wachstums-knoten und kräftigen, lanzettartigen Unterwassertrieben. Embryo-Knospen entwickeln sich unter guten Wachstumsbedingungen zu Blüten.

oben ... Seerosen müssen hin und wieder geteilt und neu gepflanzt werden. Das erste Anzeichen dafür sind in der Mitte der Gruppe aus dem Wasser heraus kletternde Blätter.

5 Man bereitet einen großen Pflanzkorb mit einem geeigneten Wachstumsmedium vor und pflanzt die Seerose fest in die Mitte. Dann wird die Erde zum Entlüften gewässert.

6 Jetzt folgen eine Schicht gewaschener Kies, um das Ausschwemmen von Erde und Störungen durch Fische zu verhindern, und eine weitere Wässerung.

7 Die frisch gepflanzten Seerosen werden nun im Teich platziert, wo sie sich schnell etablieren und große Mengen von faserigen Wurzeln und submersen wie auch schwimmenden Blättern produzieren. Vor Mitte des Sommers gepflanzt, können bereits in der ersten Saison ansehnliche Blüten erwartet werden.

Teilung einer verwucherten Uferpflanze

Teichpflanzen wachsen sehr schnell, und speziell Uferpflanzen müssen zum Erhalt schöner Blüten und Blätter oft geteilt werden. In manchen Fällen muss das jede zweite Saison geschehen. Teilen ist auch bei den Varietäten erforderlich, damit die zu kultivierenden Jungpflanzen dem echten Pflanzentyp entsprechen. Aus Samen gezogene Exemplare von Varietäten kommen dem nur selten nahe.

Im Gegensatz zu krautartigen Rabattenpflanzen, die jederzeit während der Wachstumssaison geteilt werden können, muss das bei Wasserpflanzen im Frühjahr geschehen. Sie können selbst im Sommer während der Wachstumsphase geteilt werden, jedoch müssen in diesem Fall Blätter und Wurzelsystem kräf-

tig zurückgeschnitten werden. Hierdurch wird allerdings das Aussehen gestört, wohingegen eine Teilung zum Anfang der Wachstumszeit eine ungestörte Entwicklung und schöne Blühsaison gewährleistet. Bei allen Wasserpflanzen werden die äußeren, kräftigen Jungtriebe wieder eingepflanzt. Die inneren, verwachsenen, oftmals kräftiger erscheinenden Teile haben dabei nur selten die Kraft der Ableger und produzieren gewöhnlich nur ein zweitklassiges Aussehen.

rechts ... *Verdichtete Uferpflanzen wie diese* Caltha *müssen zum Erhalt ihres Aussehens regelmäßig geteilt und neu gepflanzt werden.*

Teilung und Neupflanzung

2 Alle Wurzeln werden 2 bis 3 cm unter der Krone abgetrennt. Sie sind nicht haltbar und sterben in jedem Fall ab.

3 Man schneidet die alten Blätter mit einem scharfen Messer ab. Die ausgewachsenen Blätter von umgepflanzten Wasserpflanzen sterben gewöhnlich ab, weshalb das Abschneiden der neuen Pflanze einen frischen Wuchs ermöglicht.

1 Ballen bildende Uferpflanzen wie diese doppelblütige Sumpfdotterblume, Caltha palustris *„Multiplex", müssen rücksichtslos und dennoch vorsichtig behandelt werden. Sie lässt sich häufig teilen. Man verwendet nur die allerbesten Teile zum Pflanzen, von denen alle als ausgewachsene Pflanzen gleich aussehen werden.*

4 Pflanzen wie die Sumpfdotterblume lassen sich oft in viele Ableger trennen. Jeder Trieb mit einer kleinen Krone und Wurzeln kann neu gepflanzt und zu einem wertvollen Exemplar werden. Für das direkte Einpflanzen in den dekorativen Teich verwendet man nur kräftige, einheitlich große Jungpflanzen.

5 *Es wird speziell vorbereitete Wasserpflanzenerde oder gute saubere Gartenerde bis auf 2 bis 3 cm unterhalb des Randes in den Behälter gefüllt. Dieser besteht aus einem verrottungsfesten Gewebe und ist groß genug für drei Pflanzen. Nach dem Pflanzen wird die Erde fest angedrückt.*

7 *Im späten Frühjahr und Sommer wachsen frisch geteilte Uferpflanzen sehr schnell an, und viele der im Mitt- bis Spätsommer blühenden Varietäten blühen noch in derselben Saison. Diese Caltha zeigt nach dem Entfernen alter Blätter vor der Teilung innerhalb von drei bis vier Wochen danach frischen Wuchs.*

6 *Nun folgen eine Schicht gewaschener Kies und eine ausgiebige Wässerung zum Entlüften der Erde, bevor der Behälter im Teich versenkt wird.*

Düngen von Pflanzen

Teichpflanzen sind von Natur aus wuchernd wachsende Pflanzen und starke „Fresser". Sie verlangen mindestens einmal pro Saison Dünger, der so zu verabreichen ist, dass die Pflanzen davon profitieren können, ohne dass dabei Nährstoffe ins Wasser gelangen, die dem Wachstum von Grünalgen Vorschub leisten. Die Ansprüche in der ersten Saison nach dem Pflanzen können durch einen geeigneten, gut ausgewogenen Wasserpflanzenkompost erfüllt werden. Solch ein Kompost sollte für einen kräftigen Wuchs während einer Saison ausreichende Mengen Nährstoffe enthalten, so dass die nächste Düngergabe erst zum Anfang des folgenden Sommers nötig wird.

Die meisten speziellen Wasserpflanzenerden haben eine magere Zusammensetzung und erfüllen trotzdem die Nährstoffansprüche aller Wasserpflanzen. Der Teich selbst enthält ebenfalls Nährstoffe, die aus dem Verrotten von Wasservegetation und den Ausscheidungen der Fische freigesetzt werden. In einem gut ausgeglichenen Teich, bei dem Wert auf Wasserklarheit gelegt wird, sind diese jedoch nicht für die Art von Wachstum und Blüte ausreichend, die wir von dekorativen Teichpflanzen erwarten. Die sorgfältige Auswahl eines künstlichen Düngers ist daher vorzuziehen.

Knochenmehlpillen selbst herstellen

Wasserpflanzendünger ist in kleinen, perforierten Plastikbeutelchen erhältlich, die Wasser durchlassen. Das Beutelchen wird einfach neben der Pflanze in die Erde gedrückt.

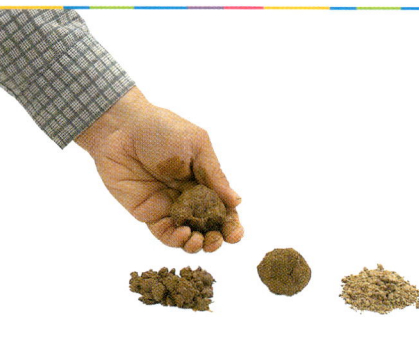

1 Man nimmt nassen Lehm, mischt dem bis zu 25% Knochen- oder Fischmehl bei und formt daraus kleine Bälle.

2 Der Düngerball wird neben der Pflanze in die Erde gesteckt. Die Nährstoffe lösen sich langsam im Substrat, ohne das Wasser zu verschmutzen.

links *… Es gibt mehrere pillenartige, sich langsam lösende Standarddünger, die für Wasserpflanzen genauso wie für Sträucher und Rabattenpflanzen geeignet sind.*

rechts *… Teichpflanzen sind gierige „Fresser" und brauchen regelmäßige Düngergaben, wenn Qualität und Wuchsfreudigkeit erhalten bleiben sollen. Ein Überdüngen fördert allerdings das Algenwachstum.*

Düngen von Pflanzen

Wasserpflanzen brauchen Nährstoffe, jedoch müssen nicht alle gezielt gedüngt werden. Submerse und Schwimmpflanzen beziehen ihre Nährstoffe direkt aus dem Wasser. Bei submersen Pflanzen dienen die Wurzeln mehr als Anker, als zur Aufnahme von Nährstoffen. Sie ernähren sich überwiegend über ihre Blätter und absorbieren Nährstoffe somit nicht aus dem Kompost, sondern aus dem Wasser. Deshalb kommen in einem gut gepflegten Teich mit harmonisch etabliertem Pflanzen- und Tierleben alle erforderlichen Nährstoffe aus dem Wasser, wobei gleichzeitig ein Zustand geschaffen wird, den das Wasser verfärbende Algen nur schwer verkraften können.

oben ... Wenn Dünger ins Wasser entweicht, werden Schlammfloren und Algen zum Problem. Deshalb sind Düngergaben auf den Wurzelbereich der Pflanzen zu beschränken.

Seerosen, Tiefwasser- und Uferpflanzen profitieren hingegen von regelmäßigen Düngergaben. Sie beziehen ihre Nährstoffe generell aus dem Pflanzmedium. Während letzteres zu diesem Zweck mit Nährstoffen angereichert sein soll, dürfen nur minimale Mengen davon ins freie Wasser entweichen. Sich schnell lösender oder ins Wasser entweichender Dünger hat eine das Teichleben belastende Explosion der Grünalgen zur Folge.

Pflanzen von Sumpfpflanzen

Im Gegensatz zu Ufer- und Tiefwasserpflanzen müssen Sumpfpflanzen während der herkömmlichen Pflanzzeit zwischen Herbst und dem späten Frühjahr gepflanzt werden. Topf- oder Behälterpflanzen können jederzeit gepflanzt werden, jedoch sind die besten Ergebnisse mit Jungpflanzen mit nackten Wurzeln, frisch aus dem Anzuchtbeet, zu erzielen.

Sumpfpflanzen brauchen einen regelrecht morastigen und nicht nur feuchten Bodengrund. Deshalb sind Vorkehrungen zu treffen, damit einerseits der Moorgarten nicht ständig unter Wasser steht, andererseits aber auch die Oberfläche ständig gut durchnässt ist.

Oftmals ist ein Sumpfgarten eine Erweiterung eines Teichs, und beide wurden zum gleichen Zeitpunkt angelegt. Hier sickert das Wasser aus dem Teich durch eine durchlässige Barriere und erzeugt so den gewünschten Feuchtigkeitsgrad des Sumpfgartens. Diese Situation ist ideal, denn so sind die Bedingungen im Sumpfgarten einfach zu kontrollieren.

Der Sumpfgarten kann auch mit einer eigenen Wasserversorgung entlang des Teichs angelegt werden. Dies ist zwar weniger ideal, in den meisten Fällen aber der einzige Weg, um einen Sumpfgarten an einen bereits etablierten Teich anzugliedern.

oben *... Ein Sumpfgarten oder ein feuchtes Bachufer bieten ein Heim für winterharte Gewächse, die nicht ständig im Wasser stehend wachsen können.*

Einen Sumpfgarten anlegen

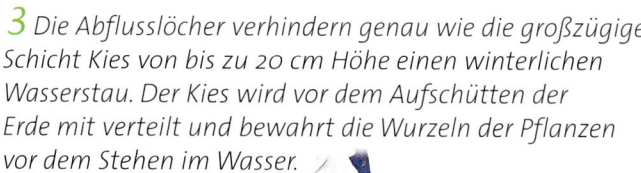

3 Die Abflusslöcher verhindern genau wie die großzügige Schicht Kies von bis zu 20 cm Höhe einen winterlichen Wasserstau. Der Kies wird vor dem Aufschütten der Erde mit verteilt und bewahrt die Wurzeln der Pflanzen vor dem Stehen im Wasser.

1 Ein Sumpfgarten kann als Teil des Teichs gleichzeitig mit diesem oder, wie hier, als separate Erweiterung angelegt werden.

2 Die Ausschachtung wird mit Teichfolie ausgekleidet und mit Abflusslöchern versehen.

4 *Ein aus einer mit Teichfolie ausgekleideten Ausschachtung angelegter Sumpfgarten ist meistens nass, jedoch kann durch die Folie bei anhaltend trockenem Wetter ebenso eine trockene Insel entstehen. Um das zu verhindern, baut man gleich einen Bewässerungsschlauch mit ein.*

5 *Die Ausschachtung wird bis zum Rand mit vorzugsweise organischer Erde gefüllt und der Bewässerungsschlauch in der unteren Lage fixiert. In Trockenperioden wird dieser an einen Wasserhahn angeschlossen, um so ein Austrocknen zu verhindern. Ein perforierter Schlauch ist für diesen Zweck ideal.*

6 *Sumpfpflanzen werden am besten im Frühjahr, beim ersten Anzeichen von neuem Wachstum, mit nackten Wurzeln gepflanzt. In Töpfen vorgezogene Exemplare können zu jeder Jahreszeit gepflanzt werden. Verdichtete Wurzelballen sollten zur Pflanzzeit aufgelockert werden.*

oben *... Ein kleiner Sumpfgarten zeigt die Vielfalt von Blüten und Blättern von Feuchtigkeit liebenden winterharten Pflanzen. Diese setzen sich aus Iris, Hosta, Perlfarn, Primeln, Mimulus, Lobelien und Astilben zusammen.*

Seerosen durch Augentriebe vermehren

Seerosen wachsen aus frischen, sich kriechend ausbreitenden Wurzelstöcken. In einem Naturteich breiten sich die Wurzeln im Schlammboden aus und produzieren dabei periodisch aus großen, knospenartigen Knoten frische Triebe. Diese entwickeln sich aus Augentrieben, die ruhende Wachstumsknoten darstellen, die mit unterschiedlicher Häufigkeit aus dem Wurzelballen einer fortpflanzungsfähigen Seerose sprießen. Die meisten Augen treiben allerdings nicht aus und werden zu neuen Pflanzen, so lange sie noch Teil des bereits bestehenden Wurzelsystems sind. Werden sie jedoch abgetrennt, treiben sie schnell aus und werden zu kräftigen Jungpflanzen, die in vielen Fällen bereits in ihrer zweiten Saison blühen.

Der fleischige Teil des Wurzelstocks einer Seerose ist eigentlich ein Stamm mit Knospen, und das Ernten von ruhenden Knospen ist dem Abtrennen von Stecklingen ähnlich. Wie die Stecklinge anderer Pflanzen sind sie vegetativ und entsprechen immer dem echten Pflanzentyp. Die Augen sehen unterschiedlich aus, haben aber meistens einige kleine Blätter und vielleicht eine abenteuerlustige Wurzel produziert. Aus *Nymphaea tuberosa* entwickelte Varietäten unterscheiden sich etwas. Ihre Augen erscheinen wie rundliche Knollen oder Knötchen und scheinen eher mit dem Wurzelstock verbunden, als ein Teil davon zu sein. Diese Seitentriebe sind ziemlich brüchig und daher einfach abzutrennen.

Vermehrung durch Augentriebe

Eine reife Seerose hat einen fleischigen Wurzelstock mit ruhenden Knospen oder Augen. Werden sie abgetrennt, treiben sie Wurzeln und wachsen zu Jungpflanzen heran.

1 Mit einem scharfen Messer trennt man die Augen mit jeweils einem Streifen Stärkegewebe daran vom Wurzelstock. Die Augen sind unterschiedlich groß, von ruhenden Knospen bis zu jungen Trieben in verschiedenen Entwicklungsstadien. Jedes davon kann sich bei sorgfältiger Handhabung zu einer lebensfähigen Pflanze entwickeln

2 Jedes Auge wird so beschnitten, dass es nicht mehr als eine dynamisch aussehende ruhende Knospe darstellt. Alle Blätter und erkennbaren Wurzeln werden entfernt.

3 Man pflanzt jedes Auge einzeln in einen kleinen Topf mit Wasserpflanzenerde oder guter, sauberer, fein gesiebter Gartenerde und lässt zum Rand 1 cm für die Kiesabdeckung frei.

4 *Die Töpfe werden in eine Schüssel mit Wasser gestellt, so dass die Blätter gerade über den Schüsselrand ragen. Wenn die Augen austreiben, wird der Stand für das Ausbreiten der Blattstiele etwas erhöht. Man setzt die Pflanzen dem vollen Licht aus und entfernt regelmäßig jegliche fadenartigen Algen.*

5 *Nach fünf bis sechs Wochen entwickeln sich die Pflanzen zu jungen Seerosen. Der Wasserstand wird nun Schritt für Schritt erhöht. Man läßt die Pflanzen wachsen, bis ihre Wurzeln den Topf ausfüllen; erst dann können sie in den Gartenteich umgepflanzt werden.*

rechts *... Obwohl die Aufzucht von Seerosen wie „Pink Sensation" aus Sämlingen möglich ist, entsprechen diese nie dem echten Pflanzentyp und sind gewöhnlich minderwertig. Die Vermehrung durch Augentriebe garantiert, dass die Jungpflanzen ein exaktes Ebenbild der Stammpflanze sind.*

Vermehrung durch Teilung - Schilfrohr- und Binsengewächse

Die Teilung von Wasserpflanzen ist eine der meist angewandten und erfolgreichsten Methoden der Vermehrung. Bei der Mehrzahl der Schilfrohr- und Binsengewächse ist es für den Heimgärtner auch die einzige, wirklichen Erfolg versprechende Methode. Einige Schilfrohr- und Binsengewächse produzieren Samen, die aber nur unregelmäßig keimen. Ihre Entwicklungsfähigkeit ist darüber hinaus sehr stark saisonabhängig und meist nur bei frisch geernteten Samen von Pflanzen im Wachstumsstadium gegeben. Sämereien bieten solche Samen daher nur selten an. In vielen Fällen kommt es nicht zur Keimung, besonders bei Mutationen wie der auffällig gezeichneten Zebrabinse, *Schoenoplectus tabernaemontani* „Zebrinus".

Die Teilung im Frühjahr, wenn gerade die ersten frischen Triebe erscheinen, ist das beste Verfahren. Wenn die Mutterpflanze in die aktive Wachstumsphase kommt, garantiert die Teilung einen kräftigen Wuchs der abgetrennten jungen Ableger.

Unter den Schilfrohr- und Binsengewächsen gibt es viele unterschiedliche Wurzelstockformen, die von der kräftig kriechend wachsenden *Typha latifolia* mit ihren scharf zugespitzten, fingerdicken Rhizomen bis hin zu den verdichteten Wurzelballen und Knollenwurzeln von *Butomus umbellatus* und dem geraden, faserigen Wurzelsystemen von *Juncus*-Arten reichen. Alle sind einfach teilbar, vorausgesetzt, es bleibt jeweils ein kleines Wachstumsauge erhalten.

Vermehrung der Schwanenblume

1 *Die Schwanenblume kann einfach durch winzige, am fleischigen, kriechenden Wurzelstock sitzende Knöllchen vermehrt werden. Sie sind eigentlich Teil des Überwinterungsmechanismus der Pflanze, bieten jedoch abgetrennt auch eine perfekte Methode zu ihrer Vermehrung.*

2 *Die Knöllchen sehen wie große Getreidekörner aus, sind aber feste, wuchsbereite Knospen, oftmals bereits mit Wurzeln. Sie werden einzeln in kleine Töpfe mit guter Wasserpflanzenerde gepflanzt.*

3 *Nach einigen Monaten ist der Topf voll mit Wurzeln, das Knöllchen hat viele Blätter entwickelt und sich gut etabliert. Ist der Topf mit Wurzeln gefüllt, wird die Jungpflanze in einen Pflanzkorb umgetopft und an ihren künftigen Platz gestellt.*

Viele Schilfrohr- und Binsengewächse haben stark wuchernde Wurzelsysteme, die oftmals nicht einmal durch einen feinmaschigen Korb aufzuhalten sind. Alle lassen sich durch Teilung vermehren.

Vermehrung von
—Binsengewächsen—

1 *Bei der Korkenzieherbinse ist die einzige Möglichkeit zur Vermehrung und Erhaltung des Korkenziehercharakters die Teilung des Wurzelstocks mit einem scharfen Messer.*

2 *Da diese Pflanze eine Mutation ist, sollten nur Teile mit dem typischen korkenzieherartigen Aussehen verwendet werden. Die Teile mit geraden Stämmen entwickeln sich nach dem Pflanzen zum Urtyp weiter.*

3 *Die Blätter werden bis auf 2 oder 3 cm über der Krone abgeschnitten und die Wurzeln in ähnlicher Weise gekürzt. Die Teile werden in einzelne Töpfe mit Wasserpflanzenerde gepflanzt und in flaches Wasser gestellt.*

oben *... Es gibt viele Varietäten von Schilfrohr, Binsen und Wassergräsern. Einige können auch durch Samen und alle durch Teilung vermehrt werden.*

Vermehrung durch Teilung – andere Uferpflanzen

Während es, überwiegend bei den Schilfrohr- und Binsengewächsen, unterschiedliche Wurzelsysteme und daran angepasste Formen der Teilung gibt, wird die Mehrzahl der Uferpflanzen in nahezu gleicher Weise wie ihre krautartigen Verwandten für die Rabatten geteilt. Der hauptsächliche Unterschied besteht darin, dass Wasserpflanzen während der Wachstumsphase vom späten Frühjahr bis zum Spätsommer geteilt werden müssen, wohingegen Rabattenpflanzen gewöhnlich im Herbst und Winter geteilt werden.

Für die meisten Uferpflanzen ist eine Teilung im Frühjahr, wenn gerade die ersten frischen Triebe erscheinen, die beste Lösung. So steht den Jungpflanzen eine komplette Wachstumssaison zur Verfügung. Auch die in den Teich zurückgesetzten Mutterpflanzen produzieren ein besseres Bild, wenn sie noch vor Sommeranfang wieder eingepflanzt wurden.

Es gibt aber, speziell bei den *Iris*, Ausnahmen. Obwohl sie mit Erfolg im Frühjahr geteilt werden können, ist damit ihre frühsommerliche Schönheit dahin. Es ist daher empfehlenswerter, der Tradition zu folgen und Sumpfschwertlilien erst direkt nach der Blüte zu teilen. Damit erhält man sich die Blühsaison, und die unmittelbar nach der Blüte abgetrennten und gepflanzten Ableger zeigen bereits im folgenden Sommer ihre ersten Blüten. Zur Blütezeit haben sie sich dann oft schon wieder zu größeren Pflanzengruppen entwickelt.

Teilung einer Iris

1 Iris *und ähnliche Uferpflanzen wie* Acorus *werden in einzelne Blattgruppen geteilt und Wurzeln und Blätter zurückgeschnitten.*

2 Die geteilten Pflanzen werden einzeln in Wasserpflanzenerde gepflanzt und in gerade bis über die Topfränder reichendes Wasser gestellt. Nach sechs bis acht Wochen können sie dann ausgepflanzt werden.

Teilung von Ballen formenden Uferpflanzen

1 Viele Uferpflanzen wie Mimulus ringens *produzieren feste Wurzelballen. Sie können von Zeit zu Zeit herausgenommen und geteilt werden.*

2 Die Blätter werden bis auf 5 bis 10 cm über der Basis abgeschnitten und die Wurzeln auf 2 bis 3 cm Länge gekürzt. Die Pflanzen kommen in einzelne Töpfe mit Wasserpflanzenerde und werden in bis gerade über den Topfrand reichendes Wasser gestellt.

oben ... *Varietäten von Uferpflanzen, wie die gesprenkelte* Iris, *können nur durch Teilung erfolgreich vermehrt werden.*

Teilung von Zwerg- und Uferpflanzen

1 *Es gibt einige kleinwüchsige Pflanzen, wie* Sisyrinchium angustifolium, *die unzählige kleine Ableger hervorbringen, die wie Samen in Sämlingsschalen gepflanzt werden.*

2 *Die Blätter und Wurzeln der einzelnen Pflänzchen werden bis auf die Hälfte ihrer Länge gekürzt. Dann werden sie in Sämlingsschalen mit Wasserpflanzenerde gepflanzt.*

3 *Nach einigen Monaten im flachen Wasserbad sind sie weit genug entwickelt, um einzeln in Töpfe mit Wasserpflanzenerde und einer abschließenden Kiesschicht umgetopft zu werden.*

und ihre Kultivierung

Stecklinge

Kopfstecklinge sind eine altbewährte Methode zur Vermehrung zahlreicher Gartenpflanzen, die auch bei vielen Wasserpflanzen, speziell Ufer- und Sumpfpflanzen, angewandt werden kann. Da sich die in Teichen wachsenden Pflanzen oftmals stark von den krautartigen Beet- und Rabattenpflanzen unterscheiden, ist es dem unerfahrenen Wassergärtner häufig unklar, welche Arten durch welche Methode zu vermehren sind.

Unabhängig von der Verschiedenartigkeit gibt es eine Grundregel zur Bestimmung einer geeigneten Vermehrungstechnik. Wenn das Pflanzenblatt als Netz angeordnete Adern hat, wie bei *Mimulus*, dann kann die Pflanze durch Stecklinge vermehrt werden. Verlaufen die Adern parallel zueinander, wie bei *Iris*,

so funktioniert diese Methode nicht. Ein weiteres Bestimmungsmerkmal ist die Blüte. Alle Pflanzen, die Blüten mit drei, sechs oder mehr Blütenblättern hervorbringen, können nicht durch Stecklinge vermehrt werden. Solche mit vier, fünf oder einer Zahl von Blütenblättern, die sich nicht durch Drei teilen lassen, sind hingegen gute Kandidaten für Stecklinge. Diese simple Bestimmungsmethode für die angezeigte Form der Vermehrung kann auch bei anderen Gartenpflanzen angewandt werden.

Am besten eignen sich relativ kurze Triebe als Kopfstecklinge. Diese sollten frisch und gesund sein und keine Blütenansätze zeigen. Die meisten Wasserpflanzen produzieren solche Triebe im späten Frühjahr.

Stammstecklinge von Stolonen

1 Die Drachenwurz, Calla palustris, hat einen kriechenden Stamm, was die Vermehrungsmöglichkeiten jedoch keineswegs eingeschränkt. Der Hauptwachstumsknoten kann abgetrennt und einzeln gepflanzt und der lange blattlose Stamm für Stammstecklinge zerteilt werden.

2 Man wählt feste Wachstumsknoten aus und schneidet Stammstücke von 3 bis 5 cm Länge, mit einem in der Mitte ruhenden Wachstumsknoten ab. Alle Wurzeln und losen Stammschuppen werden entfernt.

3 Jedes Stammstück wird horizontal mit dem Knoten nach oben in seinen eigenen Topf mit Wasserpflanzenerde gepflanzt und gut gewässert.

4 Die Töpfe kommen in eine Wasserschale und werden gerade bis über den Topfrand mit Wasser bedeckt. Nach der ersten gründlichen Wässerung sollten die Pflänzchen durch keine weiteren Luftblasen gestört werden

5 Im späten Frühjahr oder Frühsommer gepflanzte Stecklinge haben sich bis zum Spätsommer zu adulten Pflanzen entwickelt.

Traditionelle Kopfstecklinge

1 *Kriechende Pflanzen wie die Bach-bunge,* Veronica beccabunga, *können einfach durch kurze Kopfstecklinge von späten Frühjahrs- bis Mittsom-mertrieben vermehrt werden.*

2 *Zu bevorzugen sind kurze Gliederstecklinge, die stets unter einem Blattstiel abgetrennt werden. An dieser Stelle befinden sich die meisten der das Wurzelwachstum anregenden Zellen. Man trennt die unteren Blätter und alle Blüten ab.*

3 *Man pflanzt die Stecklinge im Kreis um die Topfmitte herum in Wasserpflanzenkompost oder fein gesiebte Erde und stellt sie bis zum Topfrand in Wasser.*

4 *Nach drei oder vier Wochen haben die Stecklinge gewurzelt und fangen an, den Topf zu überwu-chern und ineinander zu wachsen, wenn sie jetzt nicht separiert werden.*

5 *Jedes Pflänzchen kommt in einen Topf mit Wasserpflanzen-erde. Für einen buschigen Wuchs knipst man die Spitzen zwischen zwei Blättern ab. Die an allen Blattstielen sitzenden Knospen treiben daraufhin aus und können wiederum für einen dichten Wuchs besser abgeschnitten werden.*

oben *... Die einzige verläßliche Methode der Vermehrung für den Bitterklee,* Menyanthes trifoliata, *sind genau wie bei* Calla palu-stris *nach der Blüte im Frühsommer geerntete Stammstecklinge.*

Vermehrung submerser Pflanzen

Submerse, also ständig unter Wasser wachsende Pflanzen werden größtenteils durch Kopfstecklinge vermehrt. Doch gibt es auch einige gruppenbildende Arten, die sich durch Teilung vervielfachen lassen. Zu diesen gehören die Nadel-Simse, *Eleocharis acicularis*, und *Isoetes lacustris*, eine niederwüchsige binsenartige Farnpflanze, die nicht sehr verbreitet ist. Diese Beiden werden überwiegend durch Teilung vermehrt und genau wie Uferpflanzen umgetopft. Alle anderen submersen Pflanzen werden durch Stecklinge vermehrt, die gebündelt und an ihrer Basis mit einem Streifen Blei zusammengehalten werden.

Stecklinge von submersen Pflanzen werden von den Trieben der gegenwärtigen Saison genommen. Somit kann die Vermehrung jederzeit vom späten Frühjahr bis zum Spätsommer stattfinden. Obwohl das Abnehmen von Stecklingen eine Form der Vermehrung ist, gehört es bei vielen Arten zur Pflegeroutine, denn nach einer Saison sehen die etablierten Pflanzgruppen in der Regel ziemlich verwildert aus. Die schnell wachsenden, frischen Jungpflanzen können aber in jeder Saison als Ersatz dienen, wenn die Stecklinge schon sehr früh im Frühjahr gesetzt wurden.

Frühjahrstriebe sind stets die am einfachsten aufzuziehenden. Die zum Ende des Sommers produzierten Triebe sind hingegen oft brüchig und lassen sich dann schlecht bündeln, besonders wenn sie erst kürzlich geblüht haben.

Warnung

Ein aquatischer Lebensraum bietet auch faunenfremden Pflanzenarten die Möglichkeit zur Ausbreitung und Unterdrückung weniger kräftiger einheimischer Arten.

Teiche und Bäche haben in der Natur oft ein sehr empfindliches, störungsanfälliges Gleichgewicht. Eine der die einheimische Flora bedrohenden Arten ist das Australische Nadelkraut, Crassula helmsii.

Vermehrung einer submersen Pflanze

1 *Man nimmt eine Pflanze mit mindestens 5 cm langen Jungtrieben aus dem Teich, wäscht sie gründlich und entfernt alle daran haftenden fädigen Algen.*

3 *Die Sträuße kommen in einen Korb mit Wasserpflanzenerde, wobei die Bleistreifen mit eingegraben werden müssen, da die Stiele ansonsten an dieser Stelle durchfaulen und die Stecklinge an die Oberfläche treiben.*

2 *Nun schneidet man von den Trieben Stecklinge und bindet sie mit einem schmalen Bleistreifen an der Basis zusammen.*

4 *Nun füllt man den Korb mit einer guten, gewaschenen Kiesschicht auf, um das Ausschwemmen von Erde und Störungen durch Fische zu verhindern.*

5 *Nach der ersten gründlichen Wässerung zum Entlüften der Erde wird der Korb im Teich versenkt. So werden heftig aufsteigende, die Stecklinge störende Luftblasen verhindert.*

6 *Nach einem Monat sind die Stecklinge gut angewachsen, und man hat einen Behälter voll üppiger submerser Vegetation.*

oben *... Submerse Pflanzen müssen für ein kräftiges Wachstum regelmäßig vermehrt und ersetzt werden. So erhält man für Fische und andere im Wasser lebende Organismen einen gesunden sowie bestens ausgewogenen Lebensraum.*

Anzucht aus Samen

Viele Wasserpflanzen können erfolgreich durch Aussaat vermehrt werden, obwohl zuvor überprüft werden sollte, ob eine andere Form der Vermehrung nicht angebrachter ist. Die Aufzucht aus Samen kann eine ansehnliche Anzahl an Pflanzen hervorbringen, doch dauert es oft auch sehr viel länger, bis eine akzeptable Pflanzgröße erreicht ist, als das bei Stecklingen der Fall ist.

Nur Arten und Unterarten lassen sich durch Sämlinge vermehren. Bei den allermeisten der benannten Varietäten von Garten- und Wasserpflanzen entsprechen Sämlinge nicht dem echten Pflanzentyp. Es gibt jedoch gelegentliche Ausnahmen, wie die Sumpfgarten-Primel, *Primula japonica* „Postford White".

Damit ist nicht gesagt, dass gute Sämlingslinien von Wasserpflanzen minderwertig seien; tatsächlich sind die kommerziellen Auswahlzuchten der *Mimulus*-Arten den Varietäten, die durch Stecklinge vermehrt werden müssen, weit überlegen.

Oftmals müssen die Samen von Wasserpflanzen von der im Wachstum begriffenen Mutterpflanze geerntet werden. Nur wenige Sämereien führen jedoch auch Samen von Wasserpflanzen, denn ihre Lebensfähigkeit ist in den meisten Fällen begrenzt. Die besten Ergebnisse sind daher mit Samen zu erzielen, die direkt nach Erreichen der Reife von der Mutterpflanze geerntet und umgehend ausgesät werden.

Aufzucht von Wasserpflanzen durch Samen

1 *Echte Wasserpflanzen können oft durch Samen vermehrt werden. Diese müssen aber fast ausnahmslos direkt nach Erreichen der Reife frisch geerntet und umgehend ausgesät werden. Samen von Sumpfpflanzen und die von einigen Arten wie* Mimulus *und* Primula *sind im Fachhandel erhältlich und werden im zeitigen Frühjahr gesät. Man verwendet dazu eine gute Sämlingserde und verteilt die Samen sparsam in einer Sämlingsschale über die Oberfläche.*

2 *Dann bedeckt man die Samen mit einer dünnen Erdschicht. Bei kleinen Samen wird die Erde am besten durchgesiebt. Dann drückt man die Erde vorsichtig fest an, damit die Samen nicht vom Wasser aus der Schale gespült werden können. Man wässert die Schale behutsam von oben und stellt sie dann in ein Wasserbad, damit das Substrat entlüftet wird.*

3 *Samen von Sumpfpflanzen wie der von* Mimulus *sollten nass gehalten, aber nicht untergetaucht werden. Man stellt die Sämlingschale in ein ausreichend tiefes Wasserbad, so dass sich die Wasseroberfläche außen mit der der Erde auf einer Ebene befindet. Zu viel Wasser führt zu Wurzelfäule.*

rechts ... *Die meisten Arten von Sumpfpflanzen und -hybriden können erfolgreich über Samen vermehrt werden. Das trifft auch auf Kandelaber-Primeln wie die scharlachrot blühende* Primula japonica *zu.*

4 Wenn die Samen gekeimt haben und die ersten Blätter erscheinen, sollten sie voneinander getrennt und in größere Anzuchtschalen gepflanzt werden.

5 Sobald die Anzuchtschale mit Wurzeln und dichtem Blattwerk gefüllt ist, können die Jungpflanzen einzeln in Töpfe oder direkt ins Freie gepflanzt werden.

Wurzelstecklinge und Ableger

Es mag für manchen Gärtner überraschend sein, dass sich viele krautartige Pflanzen schnell und erfolgreich durch Wurzelstecklinge und Ableger vermehren lassen. Unter den in unseren Gärten wachsenden Pflanzen sind es die Sumpfpflanzen, die am besten auf diese Form der Vermehrung ansprechen. Primeln lassen sich besonders gut durch Wurzelstecklinge vermehren, was auch auf die *Houttuynia*-Arten zutrifft, obwohl sich diese derart schnell ausbreiten, dass das Abtrennen von Ablegern die bessere Methode ist, wenn nur wenige Pflanzen benötigt werden. Wie auch bei Stecklingen garantiert die Vermehrung durch Wurzelstecklinge und Teilung den Fortbestand des echten Pflanzentyps.

Das Prinzip der erfolgreichen Vermehrung durch Wurzelstecklinge ist dem der Vermehrung über Sprösslinge ähnlich. Viele Pflanzen besitzen an den Wurzeln „schlafende" Knospen, die erst zu Sprösslingen werden, wenn die Wurzel verletzt wird. Durch das Abtrennen von Wurzelstücken mit Knospen werden letztere zum Treiben angeregt.

rechts ... Kandelaber-Primeln lassen sich hervorragend durch Wurzelstecklinge oder Ableger vermehren. Wurzelstecklinge werden gewöhnlich im Winter geschnitten, während Wurzelteilungen direkt nach der Sommerblüte durchgeführt werden.

Wurzelstecklinge

1 Man entnimmt dem Teich im Winter oder direkt nach der Blüte eine geeignete Mutterpflanze und trennt fleischige Wurzeln ab. Diese sollten nicht fädig dünn und andererseits nicht dicker als ein Bleistift sein. Alles dazwischen ist bestens geeignet. Nach dem Abtrennen der Wurzeln kann die Mutterpflanze zurückgepflanzt werden. Sie sollte schnell wieder anwachsen.

2 Die Wurzeln schneidet man in 2 cm lange Stücke. Damit ist sichergestellt, dass jedes Stück wenigstens einen ruhenden Wachstumsknoten hat. Dünne schnurartige Wurzelteile sind unbrauchbar. Die Stecklinge dürfen nicht austrocknen und müssen umgehend gepflanzt werden.

3 Man füllt eine Sämlingsschale mit Mehrzweck-Pflanzenerde und verteilt die Wurzelstecklinge gleichmäßig horizontal auf der Oberfläche. So haben die einzelnen Jungpflanzen genug Platz, um sich zu entwickeln.

4 Nun werden die Stecklinge mit Erde bedeckt, dieser wird angedrückt und dann gewässert. Die Schale wird dann an einen kühlen Platz gestellt, denn Wurzelstecklinge mögen keine hohen Temperaturen.

Abteilen von Ablegern

1 *Einige Sumpfpflanzen, Primeln zum Beispiel, können direkt nach der Blüte kräftig zurückgeschnitten und geteilt werden.*

2 *Man sucht die kleinsten Ableger heraus, denn diese werden letztendlich zu neuen Pflanzen. Die Wurzeln schneidet man zurück und pflanzt die Ableger einzeln in Pflanzenerde. Größere Exemplare können direkt ins Freie gepflanzt werden.*

Überwinterung von Pflanzen

Die Mehrzahl der robusten Wasserpflanzen übersteht den Winter problemlos. Es ist dennoch von Vorteil, einige Vorbereitungen für die Überwinterung und zur Einwinterung zu treffen, um den Jungpflanzen im Frühjahr einen guten Start zu ermöglichen. Das trifft besonders auf Schwimmpflanzen zu.

Die meisten Schwimmpflanzen produzieren Winterknospen oder -sprösslinge, die, wenn sie den Winter über geschützt werden, viel zeitiger im Frühjahr zu wachsen beginnen. Unter natürlichen Bedingungen sinken die Sprösslinge zu Anfang des Herbsts auf den Teichgrund. Hier ruhen sie, bis die Frühlingssonne das Wasser erwärmt, sie zu neuen Pflanzen heranwachsen und an die Oberfläche zurückkehren.

In einigen Fällen, wie beim Froschbiss, *Hydrocharis morsus-ranae*, bilden sich im Winter feste, an Knollen erinnernde Knospen, während andere, wie die Wassernuss, *Trapa natans*, Samen produzieren. Es wäre unmöglich, sie im Teich zum Wachsen zu bringen, aber in einem Behälter mit etwas Wasser überwintert, beginnt mit etwas Wärme eine frühe Entwicklung.

Eine andere Form des Schutzes gegenüber winterliche Unbillen findet sich beispielsweise bei den *Sagittaria*- oder Pfeilkrautarten. Diese Pflanzen produzieren kleine, kartoffelartige Sprösslinge, die auch als Entenkartoffeln bekannt sind und von Wildgeflügel in der Tat heiß geliebt werden.

Überwinterung von Wasserhyazinthen

1 Wasserhyazinthen, Eichhornia crassipes, sind nicht winterhart. Vor der Überwinterung im Haus wählt man junge kräftige Ableger aus. Alte Pflanzen werden vernichtet.

2 Die Wasserhyazinthe überwintert nicht gut in tiefem Wasser, sondern bevorzugt eine flache Schüssel mit schlammigem Grund. Der Boden der Schüssel sollte mit einer großzügigen Schicht Wasserpflanzenkompost bedeckt sein, in der die Pflanze wurzeln kann. Sie verlangt direktes Licht und Temperaturen von mindestens 10° C.

Das Hornblatt, Ceratophyllum demersum, produziert kleine bürstenartige Winterknospen. Man platziert einige davon in einem Glas mit Erde und Wasser, stellt es ans Licht und provoziert auf diese Weise ein zeitiges Austreiben.

Überwinterung von Algenfarn

1 Der Algenfarn, Azolla filiculoides, ist eine unzuverlässig winterharte Schwimmpflanze. Sie verschwindet oft über den Winter und taucht erst im späten Frühjahr wieder auf.

2 Zum Überleben und für einen gesunden Wuchs im zeitigen Frühjahr kann der Farn im frühen Herbst einfach in einem Behälter mit Wasser und Erde eingewintert werden.

3 Der Behälter sollte an einem hellen Platz bei mindestens 5° C stehen. Gelegentlich auftretender Schimmel muß entfernt werden.

Aufbewahren von Wintersprößlingen

1 Alle Pfeilkrautarten, Sagittaria, treiben Wintersprösslinge, die gerne von Wildtieren gefressen werden. Pfeilkrautarten danken für etwas Schutz mit einem frühen Wachstumsbeginn im zeitigen Frühjahr. Wintersprösslinge werden im Spätsommer von adulten Pflanzen abgetrennt.

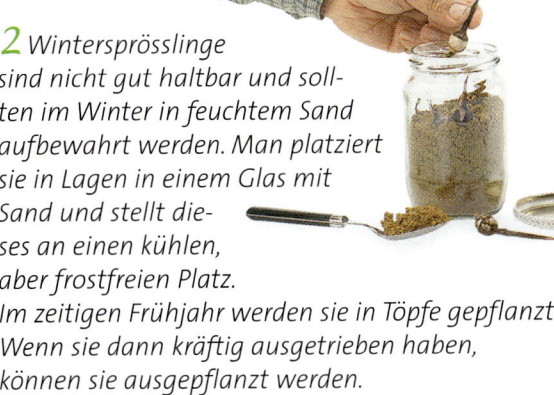

2 Wintersprösslinge sind nicht gut haltbar und sollten im Winter in feuchtem Sand aufbewahrt werden. Man platziert sie in Lagen in einem Glas mit Sand und stellt dieses an einen kühlen, aber frostfreien Platz. Im zeitigen Frühjahr werden sie in Töpfe gepflanzt. Wenn sie dann kräftig ausgetrieben haben, können sie ausgepflanzt werden.

Überwinterung von Muschelblumen

1 Die Muschelblume, Pistia stratiotes, ist eine attraktive tropische Schwimmpflanze, die den Sommer draußen im Teich verbringen kann. Wenn die Temperaturen unter 10° C sinken, beginnt sie zu leiden. Die älteren Pflanzen sind schwer zu überwintern, weshalb man die jungen, kräftigen Kindel im frühen Herbst von der Mutterpflanze trennt und ins Haus holt.

2 Muschelblumen überwintern nicht gut in tiefem Wasser. Sie verlangen eine mit Wasser gefüllte Schale, eine Grundschicht aus Erde, viel Licht und Temperaturen von 18° C.

Ganzjährige Pflege

Ob man sich nun für Fische interessiert oder nicht - die Erhaltung einer guten Wasserqualität und -klarheit ist in jedem Fall wichtig. Dies wird zum größten Teil durch eine Ausgewogenheit der zahlreichen Pflanzenklassen und die Auswahl einer geeigneten Art von Erde erreicht, wobei besonders auf die Zusammensetzung der Nährstoffe und deren Löslichkeit zu achten ist.

rechts ... Um ein lange anhaltendes und gutes Gleichgewicht im Teich und innerhalb der Ufervegetation zu sichern, sind ganzjährig regelmäßige Pflegemaßnahmen erforderlich.

Kontrolle von Algenteppichen und grünem Wasser

Algen sind für jeden Teichbesitzer ein Problem, selbst wenn sie nur in den zwei bis drei Wochen des späten Frühjahrs auftreten, wenn die Sonne das Wasser 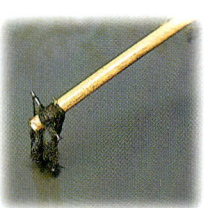 aufwärmt und die höher entwickelten Pflanzen noch nicht in der Wachstumsphase und somit noch keine Nahrungskonkurrenz sind. Wasseralgen treten in vielen Formen auf, werden aber primär in frei schwimmende und fadenartige unterteilt. Die frei schwimmenden Formen treten in großen Mengen auf und verwandeln das Wasser in „Erbsensuppe". Die fadenartigen treten als frei schwimmende Schraubenalgen oder *Spirogyra*-Arten sowie auch in dichten Matten als Fadenalgen auf. Wieder andere Arten haften an Pflanzen und Körben und bedecken oftmals auch die Teichwände.

Es gibt kein Wundermittel für die zahlreichen Algenprobleme, und die beste und nachhaltigste Lösung basiert auf der Theorie eines natürlichen Gleichgewichts; Pflanzen stellen eine Nahrungskonkurrenz um die Mineralsalze dar und schatten die unteren Wasserbereiche ab. Chemische Mittel sind bestenfalls eine vorübergehende Lösung, können aber bei Inbetriebnahme des Teichs nützlich sein, bis sich die höher entwickelten Pflanzen etabliert haben. Die Beseitigung von das Wasser trübenden Algen erlaubt zu diesem Zeitpunkt einen stärkeren Lichteinfall, was dem Wachstum der submersen Pflanzen zugute kommt.

Frei schwimmende Algen können mit einem geeigneten Algizid recht einfach kontrolliert werden. Fadenalgen sind dagegen schwieriger zu bekämpfen. Obwohl auch sie durch Algizide eliminiert werden können, müssen tote Algen umgehend aus dem Wasser entfernt werden, um eine Sauerstoffarmut zu verhindern, an der die Fische ersticken würden.

Umgang mit Bäumen und Laub

Eines der größten Probleme des Teichgärtners sind die im Herbst abfallenden Blätter. Sie werden vom Wind umher geweht und sammeln sich im Teich, wo sie durch Verrottung Sauerstoffmangel im Wasser auslösen und somit für Probleme mit den Fischen sorgen. Große Mengen davon tragen nicht gerade zur Wasserklarheit bei und verursachen entweder eine Verfärbung des Wassers oder reichern es mit Nährstoffen an, die das Algenwachstum fördern. Einige Blätter sind sogar hochgradig giftig, nicht für die Pflanzen, wohl aber für Fische und müssen somit unbedingt entfernt werden.

Dazu gehören die Blätter der Rosskastanie (*Aesculus*), die besonders schädlich sind, und die von Weiden (*Salix*), die dem Aspirin ähnliche Stoffe enthalten und im Stadium des Verrottens für Fische schädlich sind.

Am besten schützt man einen Teich vor Blätteransammlungen durch ein Netz. Gewöhnlich wird empfohlen, den kompletten Teich mit einem Netz zu überspannen, was allerdings nicht nur unansehnlich ist, sondern auch die Pflanzen schädigen kann. Es ist daher besser, ein kleinmaschiges Netz von etwa 45 cm Breite um den Teich herum an Stützstangen zu befestigen. Dadurch werden die allermeisten Blätter, die gewöhnlich durch Wind aus dem umliegenden Garten ins Wasser geweht werden, abgefangen. Von Bäumen herab fallende Blätter landen nur selten direkt im Teich.

Ganzjährige Pflege

Frühjahr
- Pflanzen von Teichpflanzen.
- Teilen von Seerosen und Uferpflanzen, wo nötig.
- Stecklinge von submersen Pflanzen nehmen, wo nötig neu bündeln und umtopfen.
- Wenn der Teich gereinigt werden muss, sollte das nur im Frühling geschehen.
- Aussäen von kommerziell erhältlichen Samen von Sumpf- und Wasserpflanzen.
- Kopfstecklinge von geeigneten Uferpflanzen schneiden.
- Seerosen durch Augentriebe vermehren.
- Umtopfen und Auffüllen von Kompost bei allen Pflanzen, die nicht geteilt werden müssen.

Sommer
- Kontrolle von fädigen Algen durch Abfischen mit einem durchnagelten Stock.
- Setzen von neuen Wasserpflanzen, wo nötig.
- Abschneiden verwelkter Blüten von Uferpflanzen.
- Abschöpfen von überschüssigen, Teppiche bildenden Schwimmpflanzen wie Algenfarnen mit einem Netz.
- Stecklinge von geeigneten Uferpflanzen schneiden.
- Düngen etablierter Seerosen und Uferpflanzen im Frühsommer.
- Aussäen frisch geernteter Wasserpflanzensamen.
- Kontrolle von zu üppigem Wuchs bei allen Wasserpflanzen.

Herbst
- Abtrennen und Unterbringen von Wintersprösslingen und Ablegern von geeigneten, einzu- winternden Wasserpflanzen.
- Teich mit einem Netz sichern, um ihn frei von Blättern zu halten.
- Alle verwelkten Wasserpflanzen zurückschneiden; keine hohl- stämmigen Uferpflanzen unterhalb der Wasseroberfläche abschneiden, da sie sonst verrotten.
- Wurzelstecklinge von geeigneten Sumpfpflanzen schneiden.

Umweltbewusstsein

Auch wenn man nur wenig Interesse an Fischen hat, so ist es doch empfehlenswert, zumindest einige davon in einem Teich zu halten, die sich in effektiver Weise um Mückenlarven und ähnlich unerwünschte Plagegeister kümmern können. Fische sind tatsächlich die wirkungsvollste Methode zur Kontrolle von Wasserinsekten und anderen Kleintieren.

Man muss dabei weder viele Fische halten noch ihnen größere Aufmerksamkeit zukommen lassen, denn in einem gut bepflanzten Lebensraum ist das einfach nicht nötig. Sie müssen auch nur gefüttert werden, während sich die frisch gesetzten Pflanzen etablieren. Danach finden sie genug zu fressen, denn ein gut ausgewogener Teich bietet jede Menge natürliche Nahrung.

links ... Auch wenn Teichpflanzen die hauptsächlichen Elemente des Wassergartens darstellen, sind Fische meistens eine wertvolle Bereicherung. Sie sind nicht nur optisch attraktiv, sondern kontrollieren auch Mücken und andere unerwünschte Wasserinsekten. Goldfische sind robust und einfach zu halten.

Wasserqualität

Der Säure- und Basengehalt des Teichwassers ist für die Kultivierung von Teichpflanzen und ein gutes Gleichgewicht nur von nebensächlicher Bedeutung. Gelegentlich schließt er jedoch bestimmte Pflanzen, die wie das Wollgras, Eriophorum angustifolium, keine basischen Bedingungen vertragen, aus, oder den Algenfarn, Azolla filiculoides, der keine saure Umgebung mag. In Gartencentern sind Testsets erhältlich, aber man kann auch viel einfach durch sorgfältiges Beobachten lernen. Die Krebsschere, Stratiotes aloides, ist ein guter Anzeiger für die Wasserqualität. Diese Schwimmpflanzen schweben bei saurem Wasser unter der Wasseroberfläche und tauchen bei einem alkalischem pH-Wert wieder auf. Bei neutralen Werten führen sie eine Halb-Halb-Existenz, die von den meisten Teichbesitzern bevorzugt wird. Posthornschnecken sind ebenfalls gute Indikatoren. Bei alkalischem Wasser sind ihre Gehäuse schön glatt, unter sauren Bedingungen werden sie hingegen pockennarbig und rauh.

Pflege der Fische

Für den nicht speziell an Fischen interessierten Teichbesitzer, der sich dennoch ihrer Vorzüge bedienen will, ist der gewöhnliche Goldfisch der preiswerteste, robusteste und zuverlässigste. In den späten Frühlings- oder frühen Sommermonaten in den Teich gesetzt, haben sich die Fische bis zum Herbst eingelebt und werden auch den Winter problemlos überstehen. Je nach geographischer Lage muss ein Fischteich mindestens 80 bis 100 cm tief sein, damit das Wasser nicht bis zum Grund gefrieren kann.

Die Fische sind robust genug, jedoch können sie unter einer Konzentration von schädlichen Gasen durch auf dem Grund verrottende organische Substanzen leiden, die zu einem Sauerstoffmangel im Wasser führen. Das Eis darf jedoch niemals aufgeschlagen werden, da sich die Schockwellen negativ auf die Schwimmblase der Fische auswirken würden.

links ... *Ein Teich kann zu einem Paradies für kleine Wildtiere werden. Vögel baden an seinen Rändern, und alle möglichen Tiere benutzen ihn zum Trinken. Es gibt viele Lebewesen, Kröten beispielsweise, die hier einen Lebensraum finden und sich durch die Dezimierung von Nackt- und Gehäuseschnecken im Garten bedanken. Andere sich vermutlich ansiedelnde Bewohner sind Frösche sowie vielleicht sogar Molche und Salamander. Alle leisten einen optischen Beitrag zum Wassergarten und tragen zu seinem Wohlergehen bei.*

Symptome	Auslöser	Kontrollmöglichkeiten
Abgelöste Oberflächen von Seerosenblättern und -blüten. Vorhandensein kleiner brauner Käfer und glänzender schwarzer oder gelber Larven.	Seerosenkäfer	Im Sommer spritzt man sie mit einem scharfen Wasserstrahl ins Wasser, wo die Fische sie fressen. Saubere Uferränder im Herbst verhindern ihr Überwintern.
Zerschnittene und zerfetzte, auf der Oberfläche schwimmende Wasserpflanzenblätter.	Seerosenzünsler, Chinamotte, (Hydrocampa propraolis)	Absammeln der Larven von Hand und Abfischen aller schwimmenden Teile, an denen Larven haften könnten.
Schwimmende, sauber abgetrennte Blätterteile von Wasserpflanzen.	Köcherfliegen	Es gibt keine Kur, aber eine gute Fischpopulation hält die Plage unter Kontrolle.
Stark beschädigte Blätter von Seerosen, Tiefwasser- und einigen Schwimmpflanzen. Oftmals geleeartige Zylinder an den Blattunterseiten.	Spitzschlammschnecke	Ablesen von Hand hilft. Auch über Nacht schwimmen gelassene, frische Salatblätter ziehen viele Schnecken an, die dann herausgenommen und vernichtet werden können.
Zerstörte Blätter. Massen von winzigen schwarzen Insekten auf Seerosenblättern und den Blättern von dickblättrigen Uferpflanzen.	Seerosenblattläuse	Pflaumen- und Kirschbäume in der Nähe des Teichs im Winter abwaschen, um überwinternde Populationen zu vernichten. Im Sommer die Blattläuse mit einem scharfen Wasserstrahl in den Teich spülen, wo die Fische sie fressen.

Inhaltsverzeichnis

Bildnachweis
Eric Crichton: 10, 13 unten, 17, 23, 24-25, 25, 42, 61. – John Glover: 3, 4, 6, 7, 8, 9 (beide), 11 links, 14 (beide), 19, 21, 27, 28-29 (Design: Jane Sweetser, Hampton Court Flower Show 1999), 30-31, 37, 39, 41, 45, 47 (Design: Paul Dyer, Chelsea Flower Show 1999), 49, 55, 57, 62, 63. – S. and O. Mathews: 5, 11 rechts, 12, 15, 22, 26 (beide), 51, 53. – Plant Pictures World Wide: 33, 35. Neil Sutherland: 1, 13 oben, 16 (beide), 18, 20, 24.